KB071209

예민한
부모를 위한
심리 수업

알고 보면
훌륭한 부모가 될
자질을 가진
당신에게

예민한 부모를 위한 심리 수업

일레인 N. 아론 지음
김진주 옮김

청림 Life

***일러두기**

이 책에서 다루는 '민감성'이란 자신이 처한 환경이나 여러 가지 자극에 쉽게 영향을 받는 특성을 말한다. 본문에서 주로 사용된 'highly sensitive'라는 표현을 번역하면 '민감성이 높다'가 정확한 표현이다. 하지만 독자의 이해를 돕기 위해 이 책에서는 '민감성이 높다'는 표현 대신 '예민하다' '민감하다'는 표현을 혼용했다.

+ 서문 +

육아는 누구에게나 힘겹다. 우리가 실시한 연구 결과에 따르면, 예민한highly sensitive 부모는 육아를 더더욱 힘들게 받아들인다. 하지만 좋은 소식이 있다면, 민감할수록 아이의 감정에 동조attunement*를 잘한다는 점이다.[1]

그렇다면 여러분은 어떤 부모인가? 긴가민가하다면 14쪽에 수록된 민감성 검사를 실시해보자. 만약 민감한 편이라면 당신의 기질이 부모로 살아가는 동안 가장 소중한 자산이 되어줄

* 동조(attunement, 同調)란 아이가 어떤 감정을 표현할 때 부모가 거기에 화답해 같은 리듬과 강도로 반응함으로써 아이가 부모에게 이해받았음을 알게 해주는 상호 작용이다. 예를 들어 아기가 기분이 좋아서 소리를 지를 때, 엄마가 만면에 웃음을 띠고 "우리 아기 신났네!" 하고 흥분된 목소리로 응답해주면 엄마와 아기 사이에 동조가 이뤄진다. (옮긴이 주)

것이다. 혹시나 하는 마음에서 말해두건대, 이 책은 예민한 아이를 둔 부모를 위한 책이 아니다. 이 책의 목표는 민감성이 높은, 즉 예민한 부모들이 육아를 더욱 수월하고 즐겁게 받아들이도록 돕는 것이다. 민감한 아이와 관련된 내용은 『까다롭고 예민한 내 아이 어떻게 키울까』(이마고)에 담아 놓았으니 그 책을 참고하길 바란다.

연구에 따르면 예민할수록 과도하게 자극을 받기가 쉽다. 따라서 예민한 부모에게는 육아에 투입하는 시간과 더불어 충분한 휴식 시간이 필요하다. 제대로 쉬지 못하면 짜증이 나고 우울해지며 그 결과 특유의 능력도 자취를 감추기 때문이다. 이 책은 예민한 부모가 자신의 기질을 확실히 자각하고, 자신에게 가장 필요한 휴식에 집중하며 시간을 소중히 사용할 수 있도록 돕고자 한다.

자신의 민감성이 어느 정도인지 가늠이 되지 않는다면 1장을 꼭 읽어보자. 2장은 과도한 자극에 대처하는 방법을 다룬다. 민감한 기질의 단점 중 하나가 과도하게 자극받기 쉽다는 점이니 꼭 읽기를 바란다. 3장에서는 내가 갖고 있는 확신을 독자들에게 전달하고자 했다. 그것은 바로 예민한 부모는 육아가 힘겨울 때 여느 부모들처럼 그저 참고 견뎌서는 안 되며, 반드시 도움을 받아야 한다는 것이다. 4장에는 의사 결정을 할 때 참고할 만한 조언을 담았다. 예민한 부모는 선택지가 여럿일 때, 최선의 결정을 내리고 싶은 마음에 부담감을 많이 느끼는 편이다. 사소한 의사 결정부터 큰 의사 결정까지 적용할 수 있는 다양한 조언을 담았으니 참고하면 도움이 될 것이다. 5장에서는 감정 조절을 다룬다. 예민한 부모들은 육아의 거의 매 단계에서 끊임없이 감정의 소용돌이에 휩싸인다. 자기 감정을 완벽하게 조절하고 있다는 확신이 들지 않는다면 5장을 읽도록 하자. 6장은 육아의 사회적 측면을 중점적으로 다루며, 기질이 외향적인 독자에게도 도움이 될 것이다. 놀랍게도 민감한 사람의 30%는 외향적이기 때문이다. 이들은 타인과의 관계에서 자극을 과도하게 받을 가능성이 높다. 6장의 팁이 많은 도움이 됐으면 한다. 마지막 두 장은 육아를 함께하는 부부 관계를 다루지만, 홀로 아이를 기르는 부모에게도 도움이 될 것이다.

나는 육아서나 자기 계발서에 흔히 등장하는 근사한 이야기들은 싣지 않았다. 대신 예민한 부모들의 실제 경험담을 실었다. 이 경험담들은 누구보다 여러분의 심정을 이해하는 사람들의 이야기이기 때문에 어쩌면 이 책에 실린 다른 정보보다 더 큰 도움이 될지도 모른다.

나는 이 책에서 예민한 부모가 자주 겪는 어려움을 중점적으로 다루었다. 왜냐하면 그들이 잘 해내는 측면은 굳이 다룰 필요가 없기 때문이다. 하지만 꼭 기억해두자. 1,200명이 넘는 부모에게 설문 조사를 벌여 얻은 연구 결과에 따르면, 예민한 부모에게는 그저 '좋은' 부모가 아니라 '훌륭한' 부모가 될 자질이 있었다. 그들은 다른 부모보다 아이의 감정에 반응하고 동조하는 경험이 많았고, 그 차이는 통계적으로 유의미했다. 이러한 특성은 우리 연구에서 가장 두드러지게 나타난 요소 중 하나였다. 왜냐하면 예민한 부모는 동조를 통해 아이가 처한 상황을 깊이 이해하고, 아이를 위한 결정을 내릴 때 유용한 정보를 얻기 때문이다.

동조는 어떤 식으로 도움이 될까? 예를 들어보자. 부모들은 매 순간 이런저런 질문에 맞닥뜨린다. '지금은 타임아웃*을 할 때인가, 아니면 아이가 그저 피곤하거나 배가 고파서 떼를 쓰는 것인가?' '지금은 아이를 훈육할 때인가, 아니면 진정할 때까지 기다릴 때인가?' '열다섯 된 딸아이를 믿고 옳은 일에 앞장서도록 놔둘 것인가, 아니면 나서지 못하게 막을 것인가?' 연구에 따르면 예민한 부모는 다른 부모에 비해 적절한 답을 구할 때가 더 많았다.

내가 민감성을 연구하기 시작한 1991년에는 연구 문헌에서 '민감성이 높은high sensitivity' 혹은 민감성과 관련된 용어를

---

* 아이가 잘못했을 때 아이의 활동을 중단시키고 다른 장소로 데려가 자기 행동을 조용히 돌아보게 하는 훈육 방법으로 우리나라에서는 흔히 생각하는 의자 훈육법으로 불린다. (옮긴이 주)

검색해보면, 이들 용어는 단지 두 가지 맥락, 즉 재능을 타고난 사람 또는 아이를 잘 길러낸 부모를 묘사할 때만 사용되었다.[2] 당시는 민감성이라는 개념이 정립되기 전이었기 때문에 이 용어를 사용했던 연구자들이 이를 타고난 특성의 의미로 콕 집어서 사용하지는 않았으리라고 생각한다. 그럼에도 불구하고 1979년, 연구자들은 부모가 눈에 띄도록 예민한 편이면 자녀가 그 혜택을 누린다는 사실을 명확히 밝혀냈고, 그 이후의 연구들도 계속해서 그 사실을 증명해냈다.[3] 육아 전반에 걸쳐 지식이 늘어날수록, 우리는 성공적인 육아의 핵심은 아이의 감정에 동조하고 반응하는 것임을 알게 되었다. 심지어 아이를 적절히 통제해야 하는 상황에서도 아이의 감정에 동조하고 반응해야 한다는 사실을 깨달았다.[4]

집필 과정에서 참고한 연구 문헌은 이 책 말미에 수록한 미주에 장별로 정리해두었다. 이미 오래 전에 자신이 예민한 사람이라는 사실을 간파했다면, 동지들의 세계로 돌아온 것을 환영한다. 이번에 여러분이 도착한 곳은 예민한 부모들의 세계이고, 내 입장에서 보자면 예민한 조부모들의 세계이다!

일레인 N. 아론

차례

3장 예민한 부모는 어떤 도움이 필요할까?

4장 예민한 부모는 왜 결정이 힘들까?

5장 남들보다 더 크게 느끼는 육아의 기쁨과 슬픔

6장 부모로서 건강한 대인관계 맺기

7장 예민한 부부를 위한 이야기

8장 행복한 육아를 위한 부부 관계 개선법

나는 민감한 사람인가?

민감성 자기보고 검사

각 문항을 읽고 각자 느끼는 대로 답하세요. 자신에게 어느 정도 해당한다면 O로, 별로 해당하지 않거나 전혀 해당하지 않는다면 X로 답하세요.

문항	
· 감각적으로 강한 자극을 받으면 쉽게 피곤해진다.	
· 주변 환경의 미묘한 변화를 잘 알아차리는 편이다.	
· 주위 사람들의 기분에 영향을 받는다.	
· 고통에 매우 민감한 편이다.	
· 바쁘게 보낸 날에는 침대나 어두운 방처럼 혼자 쉴 수 있는 공간으로 물러나 휴식을 취해야 한다.	
· 카페인에 특히 민감하게 반응한다.	
· 밝은 불빛, 강한 냄새, 직물의 까칠한 감촉, 가까이에서 울리는 사이렌 소리 따위에 쉽게 피곤해진다.	
· 내면이 풍요롭고 복잡하다.	
· 큰 소리가 나면 마음이 불편해진다.	
· 미술이나 음악 작품에 깊이 감동한다.	
· 가끔 신경이 지나치게 곤두서서 혼자 휴식을 취해야 한다.	
· 양심적이다.	
· 쉽사리 놀란다.	
· 짧은 시간 안에 많은 일을 해야 하는 상황이 닥치면 당황한다.	
· 사람들이 물리적 환경에서 불편함을 느낄 때 어떻게 하면 편안하게 해 줄 수 있는지 잘 알아차리는 편이다(조명이나 앉는 자리를 바꾸는 등).	

· 사람들이 한꺼번에 많은 것을 요구하면 짜증이 난다.	
· 실수하거나 잊지 않으려고 노력한다.	
· 폭력적인 영화나 텔레비전 프로그램을 보지 않으려고 애쓴다.	
· 주변에서 많은 일이 벌어지면 불쾌해진다.	
· 배가 매우 고프면 몸 안에서 강한 반응이 일어나 집중이 안 되고 기분이 나빠진다.	
· 삶의 변화에 동요한다.	
· 섬세하고 미묘한 향기, 맛, 소리, 미술 작품을 알아보고 즐긴다.	
· 한꺼번에 많은 일을 처리할 때 괴롭다.	
· 화가 나거나 버거운 상황을 피하기 위해 내 생활을 정돈하는 것을 최우선으로 한다.	
· 큰 소리나 어지러운 장면과 같은 강한 자극이 신경 쓰인다.	
· 남이 지켜보는 상황에서는 긴장이 되고 떨려서 제 실력을 발휘하지 못한다.	
· 어렸을 때 부모님이나 선생님으로부터 예민하고 수줍음이 많다는 말을 듣는 편이었다.	

민감성 자기보고 검사 점수 계산법

자신이 해당한다고 응답한 문항이 14개 이상이면 민감한 사람이라고 볼 수 있다. 민감한 남성이라면 자신에게 해당한다고 응답한 문항이 14개보다 적을 수 있다. 만약 자신에게 해당하는 문항이 14개보다 적더라도 자신이 해당한다고 응답한 문항에서 그 정도가 심하다면 그 역시 민감하다고 볼 수 있으며, 남성인 경우에는 더더욱 그렇다.

1장

예민한 사람이 부모가 된다는 것

예민한 부모는 육아가 더 힘들다

민감한 기질은 태어날 때부터 타고나는 것으로 전체 인구의 20퍼센트 정도에서 발견된다. 민감성은 훌륭한 생존 전략의 한 갈래라고 볼 수도 있다. 지금까지 100개가 넘는 종에서 민감성을 타고나는 개체가 동일한 비율로 발견되었기 때문이다.[1] 이번 장에서 살펴보겠지만 민감성은 연구가 충분히 이뤄져 있고 잘 알려진 개념이다. 과학자들은 이를 '감각처리 민감성sensory processing sensitivity'이라고 부르기도 하는데, 다른 사람들에 비해 정보를 더 철저히 처리하는 특성이기 때문이다.[2] 때로는 '환경에 대한 높은 민감성high environmental sensitivity'이라고 부르기도 한다. 정도의 차이는 있지만 예민한 사람은 그렇지 않은 사람보다 환경에 민감하게 반응하기 때문이다.

독자들 가운데는 이 책의 앞부분에 수록된 민감성 자기보고 검사를 통해 자신이 민감한 소수에 속한다는 사실을 이제야 막 알아차린 사람도 있을 것이며, 이미 알고 있던 사람도 있을 것이다. 어느 쪽이든 이 책에서는 부모가 예민하면 육아 경험이 어떻게 달라지는지, 그 차이에 어떻게 대처해야 하는지, 그리고 그 기질을 잘 활용하는 법은 무엇인지를 배울 것이다.

1장의 목표는 예민한 부모가 자신의 특성을 제대로 이해하도록 돕고, 더불어 다른 사람들이 그들을 제대로 이해하도록 도와주는 것이다. 이를 위해 예민한 부모들이 가진 특성을 일목요연하게 설명하고 관련된 연구를 소개하려 한다. 이와 가장 관련이 깊은 연구는 1,200명이 넘는 영어권 부모를 대상으로 실시한 온라인 설문 조사 연구로, 연구 대상에는 예민한 부모와 예민하지 않은 부모가 모두 포함되었다.[3] 연구 결과 예민한 부모는 육아를 상대적으로 더 힘겨워했으며, 아이에게 더 많이 동조하는 경향이 있었다.

여기서 잠시 엄마와 아빠를 나눠서 이야기해보려 한다. 우리는 설문 조사를 두 번 실시했다. 두 설문 조사에서 엄마들의 응답은 매우 유사한 양상을 보였다. 첫 번째 설문 조사에서는 엄마 92명이 참여했고, 아빠의 표본은 별도의 통계 분석을 실시하기엔 너무 작았기 때문에 우리는 엄마들의 응답만을 살펴보았다.

두 번째 설문 조사는 엄마 802명과 아빠 65명이 참여했고, 덕분에 아빠들을 분석하기에 조금 더 나은 조건이었다. 평균적으로 예민한 아빠들은 다른 아빠들에 비해 육아가 아주 약간 더 힘들다고 보고했다. 하지만 그 차이는 통계적으로 유의미할 만큼 크지는 않았다. 이는 대개 엄마가 육아에 더 직접적으로 관여하기 때문일 수 있다. 예민한 엄마들과 마찬가지로 예민한 아빠들은 다른 아빠들에 비해 아이에게 더 많이 동조한다고 보고했다. 조사에 참여한 아빠의 수가 적고 예민한 아빠의 수는 더더욱 적었음에도 불구하고, 그 차이는 통계적으로 유의미할 만큼 컸다.

동조는 민감한 남자아이를 기를 때 특히 더 중요하며, '예민한 아들'을 돌보는 일에서는 '예민한 아빠'만한 적임자가 없다. 어느 예민한 아빠의 이야기를 들어보자.

— 제가 민감성이 높은 덕분에 아들은 마음의 문을 열고 다정한 남자로 자랄 수 있었어요. 저는 아들과 함께 자상하게 행동하는 남성이 등장하는 영화를 많이 봤고, 이 경험은 온갖 폭력적인 영화의 영향을 훌륭하게 막아주었습니다.

예민한 아빠는 표본이 적고 육아에 대한 부담감 정도가 예민한 엄마와 왜 다른지 명확하게 밝혀지지 않았기 때문에, 이 책 전반에서는 엄마와 아빠를 나눠서 명시하지 않고 예민한 부모로 통칭할 것이다.

600명쯤 되는 예민한 부모들이 설문 조사 끄트머리에 자신의 의견을 남겼다. 그 글을 읽다 보니 특정한 말투가 내 눈을 사로잡았다. 그것은 바로 '~이 좋기는 하지만…'이라는 구절이다. 그 예로 다음 글을 살펴보자.

— 부모가 된다는 건 정말로 멋진 일이지만, 한편 굉장히 힘들기도 해서 저만큼 민감하지 않은 사람들과는 이 경험을 나누기가 어려워요.

— 부모가 되어 아이를 돌보는 건 제가 정말 좋아하는 일이고 평생 원해왔던 일이지만 저에게는 너무 버거워요.

— 예민한 부모 중 하나인 저는 육아가 제 인생을 통틀어 최고의 경험이었다고 자신 있게 말할 수 있어요. 아이를 기르는 동안 의심과 걱정, 죄책감에 휩싸인 순간이 많았지만 제 민감한 기질 덕분에 육아 능력이 전반적으로 향상했다고 믿어요.

예민한 부모의 극단적인 양육 방식

앞서 소개한 부모들은 모순된 말을 하고 있다. '나는 육아를 잘 하고 있으면서 잘 못하고 있다.' 이 표현을 꼭 기억해두자. 우리가 실시한 연구에 대한 소개를 마치기에 앞서 다른 연구자들이 수행한 한 연구를 살펴보고자 한다. 이 연구에 따르면, 예민한 부모는 다른 부모들보다 평균적으로 육아를 잘하지 못했다.[4] 이 차이는 부모가 자기보고 방식으로 진술한 양육 방식parenting style에서 나타났다.

양육 방식은 크게 세 가지로 나뉜다. 한쪽 극단에는 복종과 엄격한 제한을 강조하는 독재적authoritarian 양육 방식이 있다. 독재적인 부모는 기준은 높지만 소통은 적게 한다. 중간에는 이상적으로 여겨지는 민주적authoritative 양육 방식이 있다. 민주적인 부모는 아이에게 규칙과 한계를 부여하지만, 아이의 말을 잘 듣고 다정하게 대한다. 그들은 기준이 높고 소통을 많이 한다. 다른 쪽 극단에는 허용적인permissive 양육 방식이 있다. 허용적인 부모는 아이를 거의 제한하지 않고 비위를 맞춰준다. 그들은 기준이 낮고 소통은 많이 한다. 예민한 부모들은 이상적으로 여겨지는 민주적인 방식보다 양극단에 있는 독재적인 방식이나 허용적인 방식을 더 자주 사용한다고 보고했다.

당연하게도 부모의 양육 방식은 하루에도 몇 번씩 달라지지만 이 논문의 저자들은 이런 결과를 나와 똑같이 해석했다. 예민한 부모들이 아이를 돌보다가 과도한 자극에 압도되는 일이 매우 잦고, 이렇게 한계에 다다른 상황에서 사용한 극단적인 양육 방식을 설문 과정에서 털어놓았다는 것이다.

머릿속에서 그림이 그려질 것이다. 부모는 휴식이 너무 간절한 나머지 지금으로서는 독재적인 방식만이 유일한 방법이라고 생각할 수 있다. 부모는 말한다. “이제 조용히 해야 할 시간이야. 엄마는 쉬어야 해. 네 방에 가서 놀아라. 소리 내지 말고.” 아이가 항의하기 시작하면 부모가 끼어든다. “지금 당장 엄마 말대로 안 하면 어떻게 되는지 알지. 잠자기 전에 이야기 안 들려줄 거야. 이제 셋 센다.”

어쩌면 부모는 조용히 보내는 시간이 꼭 필요해서 이를 얻기 위해서라면 무엇이든 할 것이다. “이제 조용히 해야 할 시간이야. 네 방으로 가서 놀겠니? 아빠 좀 쉬게.” 아이가 말한다. “하지만 아빠, 난 여기서 놀고 싶어!” 아이는 징징거리다가 울기 시작하고 고래고래 소리를 지른다. 그러면 부모는 허용적인 양육 방식을 사용한다. “알았어. 그래그래, 여기서 놀아. 하지만 조용히 해야 돼.”

3장에서 육아법을 조금 다루기는 하지만, 이 책은 육아법을 알려주는 책은 아니다. 육아법은 시중에 넘쳐나는 육아서에서 배우길 바란다. 이 책의 목적은 예민한 부모가 자신을 돌보고 휴식하는 시간을 확보하여 부모로서 최선의 모습을 보일 수 있도록 도와주는 것이다. 이 책을 읽고 독자들이 자신의 타고난 성향대로 아이의 감정에 민감하게 반응하고, 아이를 배려하는 민주적인 양육 방식을 많이 활용할 수 있으리라 믿는다.

민감성이 육아에 도움이 될까?

수많은 종에서 민감한 개체가 발견되며 그들은 늘 소수를 이룬다. 민감성에는 분명 이점이 있다. 그렇지 않다면 이 기질은 세상에서 사라졌을 것이기 때문이다.

그렇다면 민감한 개체가 항상 소수인 까닭은 무엇일까? 그 이유 중 하나는 바로 민감성이 생물학적으로나 개인에게나 '값비싼' 특성이기 때문이다. 민감한 사람은 다부진 쉐보레 트럭이 아니라 포르셰나 재규어이다. 민감한 사람의 신경계는 정교하게 조정되어 유지 비용이 많이 든다. 게다가 대다수 상황에서 더 많이 알아차리는 능력은 이점으로 작용하지 않는다. 경마에서 어느 말에 돈을 걸지 결정할 때 기수가 입고 있는 옷 색깔을 알아차리는 것은 아무 소용이 없는 것처럼 말이다.

민감성은 오래된 생존 전략

민감한 사람이 소수인 이유가 하나 더 있다. 네덜란드의 생물학자들은 민감성이 진화의 역사 속에서 어떻게 발달했는가를 연구하려는 목적으로 여러 가지 시나리오를 비교 분석하는 컴퓨터 모형을 만들었다.[5] 숲속에 여러 종류의 풀이 자라고 종류마다 영양가가 크게 다르다고 생각해보자. 사슴 A는 타고난 민감한 특성 때문에 각각의 풀에 더 많이 주의를 기울여서 어떤 풀이 가장 좋은 풀인지를 학습한다. 사슴 B는 주의를 기울이지 않는 타고난 성격 때문에 종류에 상관없이 아무 풀이나 닥치는 대로 뜯어 먹는다. 만약 풀의 종류에 따라 영양가가 많이 차이난다면, 사슴 A가 더 좋은 전략을 타고난 셈이다. 만약 사슴 A가 엄마라면 어린 새끼도 민감한 엄마의 덕을 볼 것이다. 하지만 만약 풀들 간에 차이가 별로 없다면 사슴 B의 전략이 더 낫다. 그런데 이 세상에서 좋고 나쁨이 나눠지지 않는 상황이 얼마나 될까? 이 안에 민감한 사람이 늘 소수 집단인 진짜 이유가 숨어 있다. 만약 모든 사슴이 가장 좋은 풀을 알아차린다면, 모두 그 풀이 난 풀밭으로 몰려가서 그 풀부터 다 먹어치울 것이다. 그러면 민감성은 누구에게도 이득이 되지 못하고 그에 따라 유전되지 않을 것이다.

어느 민감성이 높은 부모가 자신이 사는 도시의 골목길을 속속들이 다녀봐서 도시 지리에 감이 있다고 해보자. 혹은 나처럼 공연히 지도를 들여다보기를 즐긴다고 해보자. 이런 식의 정보 수집은 때로 쓸모없어 보일지도 모른다. 민감하지 않은 친구로부터 사소한 정보에 집착하는 강박증이 도졌다는 소리를 들을 수도 있다.

하지만 재난이 생겨서 아이들과 함께 도시를 빠져나가야 한다고 상상해보자. 휴대전화와 교통 정보 앱은 작동하지 않을 것이다. 재난이 일어나기 전에 대다수 사람은 약간의 교통 정체를 개의치 않고 늘 중심가로 다녔으며 지도는 지루해서 쳐다보지도 않았다. 그렇게 대다수 사람이 제자리걸음을 하는 동안 민감한 몇몇 사람들만 도시를 빠져나간다. 여기서 중요한 것은 만약 모두가 지름길을 알았다면, 결국 모든 길이 다 막히면서 모두가 교통 정체에 시달리게 되었으리라는 것이다.

예민한 부모 중 다수는 영양학 이론이나 연구에 깊은 관심을 기울인다. 또 집안 내부에 있는 독소를 걱정하거나 아이가 다칠 우려가 있는 장난감을 피하곤 한다. 이렇게 민감한 사람들이 신경쓰는 것들은 연구를 통해 종종 매우 중요하다는 사실이 드러난다. 그래서 다른 사람들이 이들을 모방하거나 그와 관련된 법률이 만들어지기도 한다. 예민한 부모는 아이가 거친 친구들과 어울리지 않도록, 평가가 엇갈리는 선생님을 만나지 않도록, 혹은 10대 딸이 자기 방어술을 익히도록 주의를 기울이기도 한다. 이렇게 주의를 기울여서 얻는 대가는 확인이 가능할까? 그 가치는 대체로 당시에는 확인할 수 없으며 어쩌면 평생 확인하지 못할지도 모른다.

예방은 효과를 인정받기가 어렵다. 언젠가 한 심리학자로부터 정신 질환 예방 프로그램이 치료 프로그램에 비해 재정 지원을 받기가 무척 어렵다는 얘기를 들은 적이 있다. 그 까닭은 예방 프로그램이 실제로 얼마나 도움이 되는지 증명해 보이기가 어렵기 때문이었다. 그건 마치 코끼리를 쫓기 위해서 목에 호루라기를 걸고 다니는 것과 같다. "터무니없는 짓 말아요. 이 근처에는 코끼리가 없다고요."라고 누군가 말하면 그 사람은 응당 이렇게 답할 것이다. "그건 모두 제 호루라기 덕분이에요." 하지만 그 호루라기가 정말 효과가 있는지는 확인하기가 어렵다.

아이가 어디에 있는지 부모가 늘 알고 있다면 아이를 과잉보호하는 것일까? 그런 부모의 아이는 분명 성인까지 생존할 확률이 약간이나마 더 높을 테고, 그것이 바로 진화의 핵심이다. 민감하게 아이를 돌보는 전략이 과연 효과가 있을까? 물론이다. 그렇지 않았다면 민감성은 전 세계에서 찾아볼 수 있는 특성으로 자리매김하지 못했을 것이다.

지금까지 예민한 부모가 마치 한 사람인 것처럼 이야기해 왔지만, 그들 중 누구도 이 책에서 묘사한 모습에 완벽하게 들어맞지 않는다. 우리는 나이, 경제력, 문화를 비롯해 수많은 측면에서 서로 다르다. 부모가 되기를 고대하면서 아이를 둘 이상 낳기로 선택한 사람도 있을 것이고 아동 발달을 공부하거나 보육 분야에서 일하기로 한 사람도 있을 것이다. 또 부모가 되는 경험을 놓치기 싫어서 혹은 배우자가 원해서 부모가 되었지만 육아가 천성에 맞지 않는 사람도 있을 것이다.

유전이 하나의 요인으로 작용할 수도 있다. 옥시토신 농도를 조절하는 유전자의 다양성처럼 말이다. 이 신경전달물질은 아기를 갓 낳은 엄마들에게서 처음 발견되었지만, 이제는 남성과 여성 모두에게서 분비되는 것으로 알려져 있다.[6] 각자의 유년기 환경(가족, 교육, 문화)에 따라 어린 시절에 부모가 될 준비를 얼마나 많이 할 수 있었는지도 사람마다 다르다. 또 가정에서 아이를 돌볼 준비를 얼마나 했는지 그리고 얼마나 많은 지원을 받을 수 있는지도 저마다 다르다. 또한 아이가 얼마나 산만한지, 활동적인지, 감정적인지, 충동적인지, 완강한지가 서로 다르기 때문에 부모의 육아 경험은 모두가 제각각이다. 때로는 아이 역시 민감성이 높은 탓에 무언가를 새로 시도하기 전에 조심스레 관찰하거나, 아주 작은 소음이나 거친 손길에 쉽게 불안해하기도 한다. 이처럼 아이를 잘 길러내기 위한 부모의 노력과 그에 따른 육아 경험은 천차만별이다. 하지만 예민한 부모들은 육아를 할 때 남들보다 잘하는 부분과 취약한 부분이 명확히 드러난다. 먼저 그들이 가진 강점을 알아보자.

예민한 부모의 세 가지 강점

예민한 부모는 일반적으로 강점보다 약점이 많은 것처럼 보인다. 하지만 그들이 가지는 핵심 특성을 살펴보면 좋은 부모가 될 수 있는 요소를 찾을 수 있다.

1. 정보를 깊이 처리한다
2. 정서적으로 강하게 반응하고 공감을 잘한다
3. 미묘한 자극을 잘 알아차린다
4. 과도한 자극을 받기가 쉽다

이제 위의 네 가지 특성 중 세 가지 강점을 위주로 그 특성을 뒷받침하는 연구를 각각 살펴볼 것이다. 민감성이 높은 예민한 부모들의 특성과 그들이 약점이 있음에도 불구하고 어떻게 더 좋은 부모가 될 수 있는지를 알아보자.

정보를 깊이 처리하는 능력

정보를 깊이 처리한다는 말은 무슨 뜻일까? 사람들은 전화번호를 듣고서 기록할 방법이 없을 때, 여러 번 반복해서 외거나 다른 대상과의 유사성을 찾는 식으로 정보를 처리한다. 어떤 방식으로든 정보를 처리하지 않으면 전화번호를 잊고 만다.

민감한 사람은 모든 정보를 더 깊이 처리한다. 기억하려는 목적뿐 아니라 입력된 정보를 과거 경험과 비교하고 연관 지으려는 목적에서다. 이는 그들의 핵심적인 생존 전략이며 먼 옛날부터 진화해온 능력이다. 초파리부터 물고기, 까마귀, 오랑우탄까지 어떤 종을 관찰하든 민감한 개체는 민감하지 않은 개체에 비해 끊임없이, 자동으로 더 많은 감각 자극을 처리한다.

갓 태어난 아기를 기르는 예민한 부모는 길에서 지나가는 유모차를 보고 수십 가지 생각을 떠올릴 수 있다. 예상 가격부터 컵홀더나 차양막을 비롯한 갖가지 특징, 유모차가 뒤집힐 때 일어날 수 있는 일, 유모차를 미는 사람의 특징 등등을 떠올리고 번개처럼 빠른 속도로 다른 유모차와 비교할 것이다. 이미 유모차가 하나 있다고 해도 여전히 자기 유모차와 비교하면서 자기가 유모차를 제대로 샀는지 궁금해할 것이다. 반면 예민하지 않은 부모는 유모차가 지나갔다는 사실조차 알아차리지 못할 수도 있다.

우리가 실시한 설문 조사에서 예민한 부모들이 자주 동의했던 두 가지 문항은 '육아를 하며 학교부터 유아용품까지, 결정을 내리기가 너무 힘들다.'와 '나는 부모로서 좋은 결정을 내린다.'였다. 실제로 그렇다. 주의 깊게 관찰한 결과를 활용한다면, 낯선 상황에서 남들보다 먼저 행동 요령을 터득할 수 있다. 게다가 때로 예민한 사람은 '촉'이 좋아서 어떻게 그런 판단을 하게 됐는지 설명하지는 못해도 좋은 결정을 내릴 수 있다. 이것이 바로 직감이며 예민한 사람은 감이 좋은 편이다. 직감은 잠재의식에서 정보를 깊이 처리한 결과로 얻는 것이다. 설문 조사에서 예민한 부모들이 다른 사람들에 비해 더 많이 동의한 문항이 바로 '아이가 알려주기 전에 아이에게 무엇이 필요한지 아는 편이다.'였다.

정보를 깊이 처리하는 특성에서 비롯되는 또 다른 결과는 바로 양심적으로 행동한다는 점이다. 예민한 부모들은 자기 행동의 결과를 더 숙고하는 경향이 있다. 모두가 더러워진 일회용 기저귀를 수풀 아래 놓고 간다면, 아이를 데리러 올 때마다 학교 앞에 이중 주차를 한다면 어떻게 될까? 예민한 부모는 다른 부모가 사려 깊게 행동하지 않을 때 누구보다 그 사실을 더 잘 알아차릴 것이다. 거꾸로 말하면 예민하지 않은 부모들은 자신이 주변에 일으킨 문제를 인지하지 못한다. 하지만 예민한 부모는 정보를 깊이 처리하는 덕분에 올바르게 행동할 가능성이 더 높다.

여러 가지 지각 과제나 정보 처리 과제를 수행하는 동안 뇌가 활성화되는 양상을 비교 분석한 연구 결과에서도 민감한 사람이 정보를 더 깊이 처리하는 것으로 나타났다.[7] 야자 야길로비치Jadzia Jagiellowicz가 이끄는 뉴욕 주립 대학교 스토니 브룩의 연구팀이 진행한 첫 연구에 따르면 민감한 사람은 정보를 '깊이 처리하는 뇌 영역'을 더 많이 사용했으며, 이런 경향은 미묘한 자극을 감지해야 하는 과제에서 더욱 두드러졌다.[8] 과제는 비슷해보이는 풍경 사진 두 장의 차이를 알아내는 것이었다. 더 미묘한 차이의 사진을 줄수록 민감한 사람들은 그렇지 않은 사람보다 정보를 깊이 처리했다.

뒤이어 내 남편인 아서 애런Arthur Aron이 이끄는 스탠퍼드 대학교 연구팀이 진행한 연구에서는 출신 문화권이 상호의존적 문화인지, 독립적 문화인지에 따라 난이도가 달라진다고 알려진 지각 과제를 참가자들에게 내주었다.[9] 집단주의 문화에 속하는 중국인들은 전체의 맥락을 쉽게 파악하는 반면 개인주의 문화에 속하는 미국인들은 개별적인 특징을 더 쉽게 파악했다. 과제를 하는 동안 뇌의 여러 부위에서 얼마나 많은 활동이 일어나고 있는지는 자기공명영상(MRI)을 이용해 측정할 수 있었다.

그런데 동아시아계 미국인과 유럽계 미국인 출신의 민감한 참가자들이 이 과제를 수행하는 동안 촬영한 MRI 결과는 놀라웠다. 민감하지 않은 참가자들의 뇌 활성화 수준은 기대했던 결과와 다르지 않았다. 이들은 출신 문화에 따라 더 어렵다고 알려진 과제 수행에 더 어려움을 겪었다. 하지만 놀랍게도 민감한 참가자들은 출신 문화에 따라 뇌 활성화 수준이 달라지지 않았다. 나는 이 연구 결과가 민감한 사람들은 자연스럽게 자기가 속한 문화의 일반적인 기대를 넘어서서 사물을 '있는 그대로' 본다는 사실을 암시한다고 생각한다.

아이를 기르는 부모는 모두 가족과 문화의 영향을 받는다. 하지만 예민한 부모 중에는 다른 사람의 조언이 도리어 방해가 되었다고 말하는 사람들이 많았다. 또, 아이에게 필요한 것이 문화적 통념과 다르다고 느낄 때는 다른 사람의 조언을 무시했다고 말하는 부모도 많았다. 몇몇 부모는 오늘날의 영아돌연사증후군 예방 수칙을 어기고 아이를 한 침대에서 데리고 잔다고 했다. 몇몇은 약물치료가 효과가 없을 때 동종 요법이나 침술과 같은 대체 의학을 시도했다. 많은 이들이 대안 학교나 홈스쿨링을 선택했고, 다른 아이들은 배우지 않는 가치를 자기 아이에게 가르쳤다. 물론 예민하지 않은 부모들이 이런 선택을 하는 경우도 있지만, 나는 예민한 부모들이 이런 선택을 더 많이 한다는 인상을 강하게 받았다.

앞서 소개한 연구의 참가자들처럼, 예민한 부모는 아이를 기르며 선택을 내리는 과정에서 문화의 벽을 넘어설 수 있는 것처럼 보인다. 아래의 사례를 살펴보자.

임신과 출산 과정을 철저히 공부했던 로버트는 중국에서 아이들을 길렀다. 아내는 난산이었다. 출산 후 아내는 쉬어야 했지만 갓 태어난 아기에게는 신체적 위안과 접촉이 필요했다. 그래서 로버트는 외출할 때 중국 여성들이 흔히 사용하는 포대기로 아기를 안고 돌아다녔다. 당시 중국 남성들 중에는 이런 방식으로 아기를 데리고 다니는 사람이 아무도 없었다. 로버트는 관행을 따르지 않는 혁명가가 되려는 게 아니라 그저 그 방법이 가장 좋은 해결책이라고 느꼈기 때문에 그렇게 했다. 오래지 않아 중국의 이웃 아빠들이 로버트를 따라 하기 시작했다. 로버트는 문화 규범을 완전히 무시하고 자신에게 가장 적합한 방식으로 아이를 돌본 것이다.

강렬한 정서 반응과 섬세한 동조 능력

남편과 내가 1997년에 실시한 첫 번째 연구에서 우리는 민감성이 높을수록 감정을 더 강하게 느낀다는 사실을 발견했다.[10]

2005년에 실시한 한 실험에서 우리는 학생들에게 그들이 적성 검사에서 매우 뛰어났다거나 혹은 매우 뒤쳐졌다는 이야기를 했다.[11] 검사 직후 학생들에게 '기분 체크리스트'를 작성하도록 했다. 모든 테스트를 마친 후 학생들은 몇몇은 불가능한 문제로 몇몇은 엄청나게 쉬운 문제로 시험을 봤다는 것을 알았다. 그리고 우리는 그것으로 학생들이 우리가 한 말에 어떤 영향을 받았는지 확인할 수 있었다. 이때 민감하지 않은 학생들은 별로 개의치 않은 반면 민감한 학생들은 크게 영향을 받았다.

민감한 사람의 뇌를 처음으로 연구했던 야자 야길로비치는 2016년에 대다수 사람에게서 강한 반응을 이끌어낸다고 알려진 사진(뱀, 거미, 쓰레기 등의 부정적 이미지 또는 강아지, 생일케이크 등의 긍정적 이미지)을 참가자에게 보여주는 실험을 했다. 민감한 사람들은 부정적인 사진과 긍정적인 사진 모두에 대해 민감하지 않은 사람들보다 더 강한 정서 반응을 보였고, 사진 각각에 대한 인상을 더 빨리 결정했다.[12] 특히 긍정적인 이미지를 볼 때 그런 경향이 더 컸다.[13] 이러한 결과는 뇌 영상에서도 나타났다. 흥미롭게도 아동기를 잘 보낸 사람일수록 이런 경향이 더 두드러졌다.[14]

비앙카 아세페도Bianca Acevedo의 연구에서는 민감한 사람들과 그렇지 않은 사람들 모두에게 낯선 사람과 사랑하는 연인의 얼굴 사진을 보여주었는데, 거기에는 각각 행복한 표정, 슬픈 표정, 무표정한 사진이 있었다. 민감한 사람은 무표정한 얼굴 사진을 볼 때보다 감정이 드러난 표정 사진을 볼 때 뇌가 더 활성화되었다. 이렇게 활성화된 부위 중에는 거울 뉴런*이라 불리는 곳이 있는데, 거울 뉴런은 인간이나 다른 영장류가 모방 학습을 하도록 돕고 공감에도 관여한다. 민감한 사람들의 강한 정서 반응은 단순히 이들이 '더 감정적'이기 때문이 아니라 감정을 더 정교하게 처리하기 때문인 것임을 알 수 있다.

민감한 사람들은 남들보다 감정적이기 때문에 이성적이고 냉철한 면모는 부족하지 않을까 하는 궁금증이 생길 수도 있다. 몇 가지 좋은 소식이 있다. 최근에 제시된 연구들에 따르면 사고와 지혜의 핵심에는 감정이 자리하고 있다.[15] 감정은 우리가 무언가를 두고 생각해보도록 동기를 부여한다.[16] 우리는 시험

---

* 거울 뉴런은 발견된 지 고작 20년밖에 되지 않는다. 이탈리아 파르마의 한 실험실에서 이를 발견했다. 과학자들은 어떤 뉴런이 특정한 손의 움직임을 통제하는지 찾기 위해 마카크 원숭이의 뇌에 장착된 전극을 사용했다. 그들은 원숭이가 무언가를 집으려고 할 때 어떤 영역이 원숭이의 손을 들게 하는지 발견했다. 그런데 그들은 가끔씩 원숭이가 과학자들이 무언가를 집어 올리는 행동을 보고 있을 때, 원숭이의 뇌에서 이상한 반응이 일어나는 것을 발견했다. 그게 원숭이가 인간의 행동을 흉내 내게 하는, 거울 뉴런이라는 걸 깨닫기까지는 시간이 걸렸다. 또, 그것이 무엇을 암시하는지 이해하는 데는 시간이 더 걸렸다. 오늘날 우리는 다른 사람이 무언가를 하거나 느끼는 것을 볼 때 뇌의 여러 영역에 있는 다양한 뉴런들이 우리가 관찰하고 있는 사람의 뉴런들 중 일부와 같은 방식으로 발화한다는 것을 알고 있다. 이 흥미로운 발견에 관한 더 많은 정보는 Rizzolatti, Giacomo, 그리고 Corrado Sinigaglia를 참고하길 바란다. Mirrors in the brain: How our minds share actions and emotions. Oxford University Press, USA, 2008.

을 앞두고 있다는 사실을 알면 더 열심히 공부하고 더 많이 기억한다. 즉 감정은 우리에게서 행동뿐만 아니라 생각까지도 이끌어낸다. 그렇기에 민감한 사람들은 남들보다 정보를 더 많이 처리하기 위해 감정을 더 깊이 느껴야 할 필요가 있는 것이다.

여기서 기억해야 할 중요한 사실은 바로 대다수 예민한 부모에게 육아는 새로운 경험이고, 어린 시절에 트라우마를 겪었다 해도 그 트라우마가 육아와 강하게 연결되지는 않는다는 점이다. 우리가 실시한 연구에 따르면 예민한 부모들이 자신의 아동기가 현재의 육아에 얼마만큼 영향을 주었는지를 평가한 결과는 예민하지 않은 부모들과 비슷했다. 어쩌면 육아는 민감한 사람들이 기쁨과 자신감을 얻는 새로운 삶의 영역으로, 그들을 치유해주는지도 모른다.

우리가 지금껏 살펴봤던 여러 연구에 따르면, 민감한 사람들은 괴로운 경험보다는 즐거운 경험에 영향을 더 많이 받는다. 따라서 민감한 사람들은 과거에 즐거웠던 경험을 다시 누리고자 남들보다 더 노력할 것이다. 다시 말해서 민감한 사람들은 남들보다 기회를 많이 포착하고 그것을 잡으려는 노력을 더 많이 기울인다.

예를 들어, 민감성이 높은 예민한 부모는 자신이 가장 좋다고 생각하는 프리스쿨Preschool에 일찍부터 지원할 것이다. 프리스쿨이라는 용어를 사용하지 않는 나라도 있겠지만, 미국을 비롯한 몇몇 국가에서 프리스쿨은 유아교육 기관을 말하며 보육 기관과는 성격이 다르다. 예민한 부모가 이렇게 미리 준비하는 까닭은 원하던 프리스쿨에 아이가 입학했을 때 자신이 얼마나 기쁠지 앞을 내다보기 때문이다. 또 다른 예로, 예민한 부모는 작년 겨울에 아이와 눈놀이를 즐겼던 경험을 기억하고서는 이번 겨울에는 눈놀이를 더 많이 하겠다고 계획할 것이다.

예민한 부모는 그저 재미있게 살거나 돈을 많이 버는 것보다는 훌륭한 인품이나 인간관계 등으로 행복의 개념을 폭넓게 정의한다. 그렇기 때문에 아이를 조금 더 지혜롭게 이끌 수 있다. 이들은 아이가 행복하게 자라는 모습에서 큰 기쁨을 느끼기에 아이를 위해 세심하게 계획하며, 때로 삶이 어두워보일지라도 긍정적인 요소들에 주의를 기울이려고 한다.

미묘한 것을 잘 알아차리는 능력

우리 둘째는 13주 일찍 태어났고 기관 절개 수술을 받았어요. 딸아이는 목소리를 내지 못했고 소리 내어 울 수 없었죠. 하지만 저는 민감한 덕분에 아이에게 무엇이 필요한지를 잘 알아차렸고, 아이는 단 한 번도 홀로 남아 울 일이 없었어요.

예민한 부모는 주변 환경 속에서 미묘한 감각 정보를 남들보다 훨씬 더 많이 알아차린다. 이 덕분에 민감한 사람은 말이 통하지 않는 외국인 관광객을 비롯하여 식물, 동물, 초고령자, 갓난아기, 진단하기 어려운 병이 있는 사람에 이르기까지 말하지 못하는 생물을 다루는 능력이 비범하다. 이러한 특성은 아이를 다룰 때 커다란 이점으로 작용한다. 말을 할 줄 알면서 때론 입도 뻥긋하지 않으려는 10대 청소년을 다룰 때도 마찬가지다.

미묘한 것을 잘 알아차리는 특성은 강한 정서 반응 그리고 정보를 깊이 처리하는 특성과 연관이 있다. 독일에서 실시한 연구에서 참가자들은 수평선과 수직선으로 이뤄진 커다란 패턴 속에 뒤섞인 알파벳 T와 L을 찾는 실험 과제를 수행했다.[17] 이 과제를 민감한 사람들은 더 빠르고 정확하게 수행했다.

민감한 사람 중에는 이러한 특성이 아주 뚜렷하게 드러나는 경우가 많다. 이들은 사소한 것을 모조리 알아차린다. 민감한 사람들이 알아차리는 사소한 것에는 아기 피부에서 나는 달콤한 냄새부터 밤에 곤히 잠든 아기가 새근거리는 소리, 햇빛이 사춘기 딸의 머리카락에서 반짝이는 모습까지 포함된다. 또한 이들은 남들이라면 알아채지도 못할, 아이가 입을 벌리고 껌을 씹는 소리라든지 배우자의 호주머니 속에서 열쇠가 댕그랑거리는 소리 따위에 신경이 거슬린다. 나는 미묘한 자극을 알아차리는 능력 덕분에 가족의 생명을 구한 적이 있다.

아들이 갓난아기이던 시절, 우리는 브리티시컬럼비아의 어느 섬에 있는 오두막집에 살았다. 어느 가을날 우리 셋은 동시에 독감에 걸렸다. 바깥 날씨가 쌀쌀해서 우리는 난로에 나무를 계속 집어넣었지만 굴뚝 청소를 할 힘은 내지 못했다. 지저분한 굴뚝 내부에는 찌꺼기가 잔뜩 껴 있어서 불이 붙을 수 있었고, 연통이 과열되면서 연통 근처에 있는 나무에 불이 붙을 수도 있었다.

그것이 바로 우리 세 사람이 모두 열에 들떠 깊이 잠든 한밤중에 일어난 일이었다. 이때 나는 무슨 소리를 들었다. 어쩌면 무슨 냄새를 맡았는지도 모른다. 나는 깜짝 놀라 잠에서 깼다. 천장 틈 사이로 지붕 아래 좁은 공간에서 있어서는 안 될 빛을 발견한 순간 나는 곧바로 무슨 일이 일어났는지 알아차리고 벌떡 일어났다. 나는 남편을 깨우고 요람에 누운 아들을 품에 끌어안고 탈출했다. 당시에는 이 경험을 어찌 표현해야 할지 몰랐지만 지금은 미묘한 빛과 소리, 냄새에 민감한 내 기질 덕에 우리가 목숨을 건졌다고 말할 수 있다.

지금까지 언급한 예민한 부모의 네 가지 주요 특성 중 세 가지는 육아에 커다란 이점으로 작용한다. 각 능력은 서로 함께 어우러져 훌륭한 역할을 한다. 이와 같은 긍정적인 측면은 예민한 부모가 학령기 아동을 기르는 동안에도 계속해서 빛을 발한다. 특히 숙고하고 공감하며 사소한 것을 알아차리는 능력은 부모가 엄격해야 할 때와 허용해야 할 때를 결정하는 데 도움을 준다. 공감을 잘하는 예민한 부모들은 종종 아이를 맡겨야 할 상황에 아이가 울면 큰 슬픔을 느낀다. 하지만 어느 정도 독립성을 발달시키는 것이 아이에게 유익함을 알기에, 아이의 눈물과 말에서 종종 미묘한 단서를 포착하고는 지금은 다른 사람에게 맡기고 나가도 괜찮은 때라는 것을 알아차린다. 아니면 더 나아가 이런 상황을 미리 예방할 줄 안다.

— 저는 민감한 편이라 아들의 감정 상태를 정확히 헤아려 문제가 일어나기 전에 예상할 수 있었어요. 그리고 그런 문제가 왜 일어나는지 열심히 살피며 해결책을 찾았고, 어떻게 대처해야 할지 아이뿐만 아니라 다른 가족들과도 대화를 나눴죠. 제 직감은 대체로 옳았고, 저는 점점 더 아이들을 신뢰할 수 있게 되었어요.

이처럼 예민한 부모는 아이들과 자주 대화하면서 아이들의 생각과 감정을 묻는다. 그것은 아이들이 자기 감정을 인식할 수 있도록 도움을 준다. 예민한 부모는 강점만큼 약점도 명확하다. 바로 많은 요소를 자극으로 받아들여 스트레스에 취약하다는 것이다. 2장에서는 그러한 특성을 바탕으로 예민한 부모가 유독 많이 겪는 어려움과 그 대처법을 다룰 것이다. 민감한 기질의 강점을 최대한으로 발휘하기 위해서는 취약한 부분을 잘 알아야 할 필요가 있기 때문이다.

2장

예민한 부모가 자신을 이해하고 돌보는 법

예민한 부모는 쉽게 방전된다

내가 실시한 설문 조사에 따르면, 예민한 부모는 다른 부모에 비해 육아 과정에서 과도한 자극으로 인한 스트레스를 더 많이 받았다. 그리고 다른 부모보다 다음 두 문항에 동의하는 비율이 더 높았다. '휴식 시간이 충분하지 않다.' '부모가 된 이후 수면 부족에 시달리고 있다.'

— 저는 육아 전반에 걸쳐 짓눌리는 느낌을 받아요. 육아에는 끝이 없거든요. 그리고 다른 부모들의 눈높이가 버거워요. 제가 예민하지 않은 엄마들처럼 집안일을 무던히 감당하며 아이를 양육한다면, 아마 하루밖에 못 버티고 지쳐버릴 거예요.

— 제 몸은 아이들 곁에 있었지만, 마음은 다른 곳에 있었어요. 하루하루를 꾸역꾸역 버티며 밥 차리고 공과금 내고 빨래하고 운전기사 노릇을 했죠. 해야 할 일을 로봇처럼 처리했고, 그게 저에겐 최선이었어요. 겉으로 보면 저는 유능한 엄마처럼 보였을 거예요. 하지만 아이들이나 남편에게 안온한 안식처가 되어주지는 못했죠.

— 민감한 사람들, 그러니까 일상 속에서 상당히 많은 자극을 받아들이는 사람들에게는 육아가 마음속 컴퓨터를 최고 속력으로 가동해야 하는 일이에요.

다음 이야기로 넘어가기 전에 예민한 부모가 육아 스트레스를 더 많이 받는다고 해서 육아의 질이 떨어지는 것은 아니라는 점을 짚고 넘어가려 한다. 그들은 스트레스를 받든 안 받든 다른 부모에 비해 아이에게 더 세심하게 반응한다.

예민한 부모들은 다음과 같은 문항에 동의했다. '내 강점 중 하나는 육아에 창의성을 더하는 것이다.' '내 아이가 커다란 성공이나 좌절을 경험할 때, 그 일이 마치 내게 일어난 일처럼 느껴진다.' 하지만 창의적으로 육아를 하려면 그만한 수고가 뒤따른다. 공감 역시 감정적으로 고된 일이며 이런 행위는 모두 높은 수준의 자극이다.

다시 한번 말하지만 예민한 부모들은 자신의 감정을 더 강렬하게 느끼고 처리하며, 이는 타인의 감정에 공감할 때도 마찬가지이다. 이들은 상대의 미묘한 반응을 더 빠르고 더 정확하게 알아차린다. 그렇게 몇 시간을 민감하게 반응하다 보면 남들보다 스트레스를 더 많이 받을 수밖에 없다. 이는 동전의 양면과도 같아서 장점만을 취하고 단점을 버릴 수는 없다.

우리 스스로를 배터리라고 상상해보자. 만약 아이에게 세심하게 반응하려 한다면 당신의 배터리는 다른 부모들에 비해 더 빨리 닳을 것이다. 에너지가 거의 바닥을 드러내면, 당신은 소음이나 어수선한 집안, 관심을 보여달라는 아이의 요구에 더 쉽게 짓눌릴 것이다. 예민한 부모가 남들보다 스트레스를 잘 받고 한계에 다다르는 것은 어린아이가 있는 가정에서는 어쩔 수 없는 일이다.

집안 환경이 미치는 영향

퍼듀대학교의 시어도어 왁스Theodore Wachs는 '민감성 검사Highly Sensitive Person Scale'를 소음 민감도를 측정하는 검사와 함께 실시하여 혼란한 집안 환경이 예민하거나 그렇지 않은 부모에게 어떤 영향을 미치는지 살펴보았다.[1] 왁스는 각 가정의 소음과 어수선한 정도, 혼잡도를 평가했다. 다른 연구 결과에서는 집안의 무질서 수준이 '자녀에 대한 관심이 적다' '교육적 자극을 충분히 제공하지 않는다' '양육 방식이 효과적이지 않다' '자녀의 수면 시간이 부족하다' '부모로서의 효능감이 낮다'는 항목과 연관이 있었다. 이는 집안이 혼란스러우면 육아에 문제가 생길 가능성이 높다는 것을 의미한다. 왁스는 이 문제가 예민한 부모들에게는 어떻게 작용하는지 의문을 가졌다.

왁스의 연구에서 예민한 기질의 엄마들은 자신의 가정을 관찰한 연구자들과 집안이 혼란한 정도를 비슷하게 평가했다. 다른 사람이 보기에 집안이 정돈되지 않은 상태라면, 예민한 엄마들도 집안이 실제로 혼란하다고 느꼈다. 집안에 사람이 많거나 아이의 장난감을 수납할 장소가 부족할 때는 더더욱 그러했다. 하지만 예민하지 않은 엄마들은 객관적으로 집안이 어지럽혀진 상황에서도 그렇다고 느끼지 않았다.

왁스의 연구는 혼란한 집안 환경에서 예민한 부모들이 육아를 얼마나 잘 해내고 있는지는 파고들지 않는다. 하지만 우리가 실시한 연구에 따르면 예민한 부모들은 스스로가 육아를 효과적으로 잘하고 있다고 응답했으며, 그 비율이 예민하지 않은 부모들에 비해 더 높았다. 어쩌면 예민한 부모는 육아에 문제가 생기지 않도록 집안을 정돈하는 일까지 해내느라 더 쉽게 지치는 것일지도 모른다.

사소한 것들도 에너지를 소모시킨다

예민한 부모는 정서적으로 민감한데 이 또한 에너지를 소모시키는 요인이 된다. 모든 감정을 더 깊이 느끼는 것은 과도한 자극이 되기 때문이다. 거기에 부모로서 내려야 할 결정도 한몫한다. 나는 어린아이를 둔 부모들이 아이 돌보미, 소아청소년과, 어린이집, 유치원 선택 문제로 몇 날 며칠을 고민한다는 이야기를 자주 들었다. 예민한 부모는 이 모든 것을 깊이 숙고한다.

우리 몸도 우리를 자극한다. 예민한 사람은 대개 민감성 검사에서 자신이 고통에 민감한 편이라고 보고한다. 부모가 되면 누구나 근육이 뭉치고 아프기 십상이지만, 예민한 부모는 다른 부모보다 통증을 더 많이 느낀다. 또 불편한 의자에 앉아서 회의를 해야 하거나 불편한 신발을 신고 놀이공원을 돌아다녀야 하는 등의 상황에서 신체적 자극을 남들보다 더 강하게 느낀다.

복잡한 일을 처리하는 과정도 자극적이다. 난해한 설명을 이해하거나 무언가를 기억할 때, 다음에 할 일을 결정하는 과정에서 에너지가 소모된다. 전화 통화를 하면서 요리법을 보고 있는데 아이가 말을 걸 때처럼 동시에 여러 곳에서 자극을 받는 경우도 있다. 또 작은 소리로 틀어놓은 TV처럼 가벼운 자극도 장시간 지속되면 과도한 자극이 될 수 있다. 자기 조절은 우리 뇌가 하나의 신체 기관이라는 점을 고려한다면, 정신적 에너지와 함께 신체적 에너지도 소모하는 셈이다.[2] 자기 자신을 얼마나 관대하게 대하는지에 따라서 스스로 받는 스트레스도 크게 차이가 난다. 그러므로 자기비판은 도움이 되지 않는다.

육아 스트레스로 번아웃이 찾아올 때

부모는 자녀의 연령과 상관없이 육아를 통해 스트레스를 받을 수 있지만, 그 양상은 자녀의 연령에 따라 차이가 난다. 아이가 만 2~3세 이하라면 릭 핸슨Rick Hanson과 잰 핸슨Jan Hanson, 그리고 리키 폴리코프Ricki Pollycove가 함께 쓴 『엄마 돌보기Mother Nurture』라는 책을 추천한다. 이 책은 '엄마의 번아웃'이라는 주제에 경험이 풍부한 세 사람의 의료 전문가가 공동 집필한 책이다.[3]

부모가 된 첫 해에는 우리 몸의 네 가지 체계에 무리가 올 수 있다. 특히 난산이었거나, 원래 몸이 안 좋았거나, 영양 상태가 나쁘거나, 다른 이유로 정신적 스트레스를 받고 있다면 더더욱 그렇다. 네 가지 신체 체계는 상호 연관되어 있어서 하나라도 기능이 떨어지면 나머지 계통의 기능도 떨어진다.

스트레스로 신체 기능이 저하될 때

- **소화기계**

스트레스를 받아 위와 장의 소화 능력이 떨어지면 메스꺼움, 변비, 설사, 배에 가스가 차는 증상 등이 나타나고 영양 상태도 악화될 수 있다. 그러면 사용 가능한 영양소가 줄어들면서 신체 기관 전체의 기능이 떨어질 수 있다.

- **신경계**

우리 몸 곳곳에 정보를 전달하는 신경계는 일이 잘못되어갈 때 걱정이나 기분 저하 등의 신호로 우리에게 뭔가 문제가 발생했음을 알려준다. 신경계는 제대로 기능하기 힘들 때조차 생각을 멈추지 않는다. 이것은 멈출 수 없는 신경계의 기본 기능이다. 하지만 이때 떠오른 생각은 도리어 우리 건강을 해칠지 모른다. 게다가 신경계의 기능이 원활하지 못해서 두통, 수면 부족, 기분 저하 등을 자주 경험한다면 소화기계에도 문제가 생길 가능성이 높다. 이들 계통이 모두 연결되어 있기 때문이다. 스트레스를 받으면 4가지가 넘는 신경 전달 물질의 분비량에 이상이 생긴다. 적절한 치료법을 찾기 위해서는 부모를 치료해본 경험이 많은 정신과 의사의 진료를 받는 것이 좋다.

• **내분비계**

내분비계는 갑상샘 호르몬, 테스토스테론, 옥시토신, 코르티솔, 에스트로겐, 프로게스테론, 프로락틴, DHEA, 인슐린을 비롯한 갖가지 호르몬을 생성한다. 이 호르몬들은 몸 곳곳에 '지금 스트레스를 받고 있다'는 메시지를 전달하여 소화기계와 신경계, 면역계가 경계 태세를 취하게 한다. 하지만 때로 메시지 발신에 실패하거나 잘못 보내기도 한다. 호르몬 균형이 깨지면 피로, 짜증, 불안, 우울, 한밤중에 깨서 잠을 못 이루는 증상 등이 나타날 수 있다.

• **면역계**

스트레스에 영향을 받는 마지막 계통은 우리의 건강을 지키는 주요 수비수, 면역계이다. 면역계는 스트레스나 호르몬 불균형, 영양부족, 우울증 등으로 과민해지거나 활동이 저하될 수 있다. 그러면 감염병이나 알레르기 질환에 취약해지고 자가 면역 반응이 일어나 원인을 찾기 어려운 증상이 나타날 수도 있다.

이 네 가지 신체 체계는 모두 근육의 기능에 영향을 미친다. 즉 들고, 굽히고, 놀고, 춤추고, 늘리는 등 우리가 몸으로 하는 일을 얼마나 잘할 수 있는지를 좌우한다. 전반적으로 육아는 굉장히 육체적인 활동이다. 부모는 아이를 위해서 강인하고 좀처럼 아프지 않는 완벽한 부모가 되기를 바라지만, 시간이 지나면서 부모가 힘이 달리는 것은 자연스러운 일이다.

특히 예민한 아빠들은 부디 번아웃 증후군을 심각하게 받아들이길 바란다. 예민한 아빠 중에는 스트레스를 상당히 많이 받고 있는 사람이 있을 것이다. 또 아내만큼이나 신체적으로도 힘든 경우가 있을 것이다. 아내가 임신하는 순간부터 남편 역시 해야 할 일과 걱정이 늘어난다. 가족을 부양할 만큼 돈을 충분히 벌어야 하고, 가정에서 온갖 일이 일어나는 와중에도 계속해서 일을 잘 해나가야 한다는 압박감을 느낄 수 있다.

몸이 스트레스를 받고 있다는 사실을 인정하면 자기 몸에 필요한 것에도 조금 더 관심을 기울일 수 있을 것이다. 예민한 부모라면 그래야 한다. 부모가 필요한 만큼 시간을 내어 자기 자신을 돌보고, 더불어 아플 때나 병원에 가봐야 할 때는 미루지 말아야 한다.

번아웃이 오기 전에

아이가 자라면서 부모는 이전보다 몸 관리에 익숙해질 것이다. 하지만 여전히 과도한 스트레스는 예민한 부모에게 영향을 미친다. 예를 들어 부모는 아이를 준비시켜 학교에 보내려고 일찍 일어나야 해서 여전히 수면 부족에 시달릴 수 있다. 또 아이가 학교에서 가져온 미술 작품, 교과목 숙제부터 마음의 상처, 까다로운 질문들까지 상대해야 한다. 아이는 사회에서 받은 자극을 소화하고 긴장을 풀 때 부모의 도움이 필요하기 때문이다.

게다가 교사나 주위 부모들의 기대 때문에 불가피하게 사회 활동에 참여할 일도 생긴다. 10대 아이들은 어떨까? 청소년들은 집에 있을 때 여러 가지 이유로 시끄럽게 군다. 음악을 크게 틀고 큰 목소리로 친구들과 왁자지껄하게 떠든다.

한편 부모는 나이가 많아지면서 몸 여기저기 돌봐야 할 곳이 많아진다. 따라서 아이가 많이 컸다고 해도 부모가 자신을 돌보는 일을 소홀히 해서는 안 된다. 내가 자주 인용하는 드라마 대사 중에 이런 말이 있다. "스무 살이 지나면 자연미는 없다." 나는 이 말을 "마흔이 넘어가면 자연스럽게 주어지는 건강은 없다."고 바꿔 말한다. 마흔이 넘어가면 몸 구석구석을 이전보다 더 세심히 돌봐야만 갖가지 통증과 만성 질병을 예방할 수 있다.

예민한 부모도 애착 육아를 할 수 있을까?

영유아를 기르는 부모가 겪는 신체적 스트레스를 알아봤으니 이제 부모의 스트레스를 최소화하면서 아이의 안정을 최대화할 수 있는 방법을 논의해보자. 나는 심리학자이므로 아이가 양육자와 안정 애착을 형성하는 것이 얼마나 중요한지 잘 안다. 애착은 내가 특히 관심을 갖고 있는 연구 주제이기도 하다. 또 아기의 욕구에 최대한 반응하라는 애착 육아의 원칙을 좋아한다. 나는 엄마와 아이가 원한다면 모유 수유를 길게 하는 것이 아이의 정서와 신체 건강에 유익하다고 생각한다. 그리고 내 아들도 세 돌 무렵까지 모유 수유를 했다. 아기들은 믿음직한 양육자의 품에 안기기를 정말 좋아한다. 부모가 띠로 아기를 안거나 업어서 아기와 몸을 맞대고 있으면, 조금 더 편안하게 일상

생활을 할 수 있다. 부모가 손을 자유롭게 쓸 수 있는데다 아기는 부모의 품 안에서 곧잘 잠이 들기 때문이다.

그러나 아기가 안전한 대상이라고 느끼는 주 양육자가 한 사람뿐이라면 예민한 부모에게는 좋지 않다. 예민한 부모는 아기와 신체 접촉을 유지하는 과정에서 여러 번 쉬어야 한다. 아기 곁에 늘 부모가 있어야 한다는 신념은 환상에 불과하다. 인간은 대가족이나 부족 안에서 진화해왔다. 가족이나 부족에 속한 거의 모든 사람이 번갈아가며 엄마를 대신해 아기를 돌봐주었다. 그러면 그동안 엄마는 휴식을 취하거나 더 어린아이를 돌보거나 할 수 있었다. 어쩌다 우리는 여러 명의 양육자가 아기를 함께 돌보는 자연스러운 육아 방식을 잃어버린 것일까?

실제로 많은 사람들은 육아를 도와줄 일가친지나 가족과 다름없는 친구가 있다. 이웃에 사는 젊은 부모들과 함께 공동육아를 할 수도 있고 아이를 어린이집에 보낼 수도 있다. 나는 어린이집이 과거의 대가족을 대신하는 현대적 방식이라고 생각한다.

부모가 아닌 다른 사람이 깊은 관심을 가지고 아이를 돌본다면 그것도 애착 육아라고 볼 수 있다. 애착 육아의 기본 원칙은 아기의 욕구에 반응하고 가능한 아기와 신체 접촉을 유지하는 것이다. 아기는 한 사람 이상의 양육자와 안정 애착을 형성할 수 있다. 어쩌면 애착 육아는 엄마 대신 누군가 아기를 봐줄 수 있을 때만 가능할지도 모른다. 예민한 부모라면 확실히 그럴 것이다.

현재 '부모가 육아를 전담하는' 애착 육아가 일반적인 육아 방식보다 더 낫다는 연구 결과는 내가 아는 한 나온 적이 없다. 애착은 양육자와 아이가 함께 만들어가는 것이다. 따라서 하나의 쌍을 이루는 양육자와 아기가 서로에게 잘 맞는 육아 방식을 찾는 것이 중요하다. 아기를 많이 안아주면 등을 다치는 부모도 있고 모유 수유를 스스로 일찍 끊는 아기도 있다. 만약 부모 중 한 사람이 혼자 육아를 하는데, 아기가 밤새 거의 자지 않아서 덩달아 밤에 잠을 못 잔다면 어떻게 될까? 과도한 자극이 우리 몸에 미치는 온갖 악영향을 기억하는가?

요약하자면 한 사람의 양육자(일반적으로 엄마)가 아기와 끊임없이 접촉을 유지한다는 생각은 몇몇 가능한 사례가 있을지는 몰라도 예민한 부모에게는 거의 불가능한 일이다. 몸으로는 애착 육아를 실천하면서 마음속으로 비명을 지르는 부모에게서 원만한 아이가 나올 가능성은 도리어 더 적을지 모른다.

다수의 예민한 부모, 특히 엄마들이 의무감을 갖고 홀로 애착 육아의 무게를 지려고 노력한다. 하지만 엄마가 아이 곁을 늘 지키지 않고도 아이에게 안정감을 주는 방법을 찾아야 한다. 주변의 도움을 적극 구해보자. 어미 고양이와 새끼 고양이를 함께 기른 적이 있다면, 새끼가 아무리 어미를 찾으며 울어도 어미 고양이가 때때로 새끼들을 놓고 밖에 나간다는 사실을 잘 알고 있을 것이다. 가끔은 어미 고양이를 따라 해보자.

—— 저는 딸들의 건강에 민감했고 관심도 많아서 애착 육아에 전념했어요. 오랜 기간 모유 수유를 했고 한 침대에서 데리고 잤으며 공감과 상호 작용을 많이 해주려고 애썼죠. 저는 제가 매 순간 최선의 결정을 내리려고 노력해왔다고 생각해요. 하지만 돌이켜 보면 그때 딸들만큼 저도 잘 자야 한다고 생각했더라면 더 좋지 않았을까 생각해요. 딸들이 어렸던 시절로 돌아갈 수 있다면 전 조금 더 빨리 아이들이 자상하고 애정 어린 아빠의 품 안에서 울다 잠들게 할 거예요.

온갖 육아 스트레스에서 벗어나 회복하기까지

예민한 부모가 스트레스를 줄일 수 있는 방법은 수없이 많다. 여기서는 비교적 흔치 않지만 예민한 부모들에게 유용한 요령 몇 가지를 소개하고자 한다. 대처법은 크게 세 가지 범주로 나누어 살펴볼 것이다. 스트레스 예방법, 대처하는 법, 마지막으로 회복하는 방법을 설명할 것이다.

먼저 스트레스에서 벗어나는 최고의 방법은 애초에 지나친 자극이 될 만한 상황을 예방하는 것이다. 보통 그런 상황은 아이로부터 시작되는 경우가 많다. 아이가 스트레스를 받을 때 주의를 기울이지 않으면 부모도 금세 아이와 같은 상태에 빠진다.

아이가 먼저 스트레스를 받고 지치지 않도록 가능한 모든 조치를 취해야 한다. 물론 아이의 민감성에 따라 얼마나 빨리 지치느냐가 달라진다. 하지만 민감하지 않은 아이도 지치기는 매한가지이다. 아이들은 아주 단순한 자극조차 낯설게 느낄 수가 있어서 환경에 적응하려면 생각보다 에너지가 많이 든다. 아이가 좋아하는 곳에 가서 신나게 놀고 많은 것을 배우다 보면 아이는 지치기 마련이고 이때 아이나 부모 모두 자제력을 잃기 쉽다. 아이들은 그저 친구들과 함께 노는 것만으로도 피곤해진다. 이것은 아이가 외향적이라고 해도 그렇다.

── 전 소음에 민감한 편이에요. 아이가 어렸을 때는 울음소리가, 지금은 떠들썩하게 노는 소리가 신경에 거슬려요. 제가 피곤할수록 소음은 견디기 더 어렵죠. 아이들 파티나 놀이 모임에 갈 수는 있어요. 하지만 아이들이 뛰고 소리를 지르는 와중에 부모들은 서로 대화를 나누려고 목소리를 높이기 때문에 집에 오면 너무 피곤해져서 쉬어야 해요. 아이들도 그렇고요. 그래서 전 아이들이 조용히 시간을 보내도록 해요. 제 나름의 대처법은 저를 위한 공간을 깔끔하고 차분하게 유지하고, 쉴 여유가 없을 때는 호흡을 하거나 민트티나 물을 조금씩 마시면서 마음을 다잡는 거예요. 전 저와 아들이 충분히 쉴 수 있도록 가족이 함께 하는 활동의 수를 제한하려고 해요. 사람을 좋아하는데다 활동을 즐기는 제게는 쉽지 않은 일이지만요.

아이가 얼마만큼의 자극을 감당할 수 있는지, 필요한 자극 수준이 어느 정도인지 확실히 파악해두자. 어떤 아이들에게는 상당히 많은 자극이 필요하다. 이 아이들은 노는 시간이 부족하면 일부러 말썽을 피우거나 부모에게 반항을 해서라도 자극을 만들어낸다. 반면 어떤 아이들은 홀로 조용히 보내는 시간이 많이 필요하다.

방과 후나 주말, 방학 동안 아이에게 어느 정도의 활동이 필요한지, 활동이 너무 많거나 적은 기미는 없는지 살펴보자. 대다수의 경우 아이가 학교나 어린이집에서 돌아온 직후에 조용히 시간을 보내면 좋다. 아이가 방과 후에 혼자 조용히 시간을 보내거나 축구 혹은 춤 강습을 받는다면 부모도 휴식을 취할 수 있다. 그동안 집안일을 하거나 다른 부모와 수다를 떨지 않는다면 말이다.

10대 청소년은 스케줄이 빡빡한 경우가 많다. 특히 아이가 대입을 준비하고 있다면, 내신 등급, 시험 성적, 대학 지원 등으로 온 가족이 부담을 느낄 것이다. 10대 아이는 부모가 고삐를 당겨 속도를 늦추기가 쉽지 않다. 아이는 자기 자신을 돌보는 법을 배워야 한다. 아이가 얼마만큼의 스케줄을 소화할 수 있는지 스스로 알아보도록 권해보자. 단 일주일이라도 일기에 그날 한 여러 가지 활동과 숙제량, 수면 시간 등을 적어보는 것이다. 그날 느낀 감정과 기분, 컨디션도 적고, 결론은 아이가 스스로 내리게 하자.

아이도 부모도 과부하에 걸리지 않도록 주의를 기울이는 것은 기본적인 육아 기술 중 하나다. 아이의 감정에 동조를 잘 하는 예민한 부모의 특성상 이것은 그다지 어렵지 않을 것이다. 하지만 여기서 제안한 몇 가지 요령을 알아두면 조금 더 도움이 될 것이다.

스트레스를 예방하는 몇 가지 요령

- **하교 후에 아이에게 조용히 휴식을 취하도록 권유해보자**

  아이가 학교에서 있었던 일을 이야기하다 보면 흥분하거나 언쟁이 생길 수 있다. 아이의 하교 전에 부모가 쉬지 못했다면 부모도 지칠 수 있다. 이때는 아이를 한숨 돌리게 하고 그 사이 부모가 휴식을 취해야 한다.

- **놀이 모임을 제한하고 신중하게 계획한다**

  놀이 모임 후에는 아이가 지치게 된다. 만약 아이와 동행한다면 부모도 체력이 소모될 것이다.

- **자신의 에너지가 얼마만큼 남았는지 관찰하자**

  한 응답자는 머릿속에 파이를 떠올리고, 그 파이를 삼등분해서 한 조각은 오전 시간을 위해, 한 조각은 오후 시간을 위해,

한 조각은 저녁 시간을 위해 남겨둔다고 한다. 각 시간대에 할당된 파이를 모두 써버렸다면, 가급적 기어를 가장 낮은 단으로 바꾼다. 한계에 다다르기 전에 짧은 휴식을 자주 취하는 것이 좋다.

나의 한계를 설정하자

부모는 안 된다고 말할 줄 알아야 한다. 어린아이는 부모의 도움과 관심이 많이 필요하고, 원하는 대로 해주지 않으면 떼를 쓰기 때문에 차라리 말을 들어주는 편이 더 수월할 때도 있다. 10대들도 어린아이와 유사한 전략을 취한다. 당신이 예민한 편이라면 아이는 자신이 크게 소란을 피울수록 부모가 한 수 접고 들어간다는 사실을 알아챈다.

하지만 아이에게 돌봄이나 가르침이 필요한 상황에서 부모가 먼저 지는 모습을 보이면 안 된다. 이때 부모는 그저 아이의 이야기를 들어주고, 아이의 선택이 어떤 결과를 불러올지, 그리고 어떻게 행동하는 것이 가장 좋은 방법인지를 부드럽게 가르쳐줘야 한다. 그게 가능하려면 부모는 아이를 돌보는 틈틈이 최대한 휴식을 취해야 한다. 마치 에너지를 미리 충전하듯이 말이다.

예민한 부모는 아이뿐 아니라 친구나 친척에게도 더 자

주 "아니."라고 말해야 한다. 배우자에게 자신이 주위 사람들에게 가끔 거절을 할 것이며 왜 그래야 하는지 설명하고, 배우자도 거절을 당할 때가 있을 것이라고 이야기해두자. 주위 사람들은 자신의 요구 때문에 여러분이 스트레스를 받으리라는 것을 모를뿐더러, 알게 된다면 스트레스를 주고 싶지는 않을 것이다. 주위 사람들에게 그 사실을 알려줄 수 있는 사람은 자신뿐이다.

자기 자신에게 "안 돼."라고 말하기는 더 어렵다. 자기 한계를 잘 알고 있더라도 그것을 지키기란 쉽지 않다. 민감성과 자극 추구 성향이 모두 높은 사람은 내면에서 일어나는 이 싸움에 익숙할 것이다. 이런 사람이라면 쉬어야 하지만 할 일을 마치고 싶다거나 아이와 재밌게 놀고 싶은 상황을 더 자주 경험한다.

— 엄마가 된 이후로 갖가지 극한의 경험을 겪은 덕분에 전 한계가 필요하다는 사실을 깨달았어요. 제게 있는 제한된 에너지와 자원을 소중히 여기는 법을 배웠죠. 그래서 아이들이 집안일을 돕게 해요. 그렇지 않으면 아이는 자신이 소중히 여기는 물건을 잃거나, 좋아하는 활동을 하지 못하게 되죠.

가끔씩 집안일을 내려놓고 죄책감을 느끼지 않는 것도 한계 설정이다. 영양학적으로 자기 기준에 못 미치더라도 쉽게 조리할 수 있는 간편식을 구비해두자. 그리고 그 무엇보다 잠을 우선시하자. 시간이 나면 다른 활동은 다 거절하더라도 잠은 거절하지 말자. 물론 실천하기는 어렵다는 것을 잘 안다. 아이가 둘 이상이라면 특히 더 그럴 것이다. 하지만 우리가 하는 모든 일은 의식 상태가 뒷받침되어야 한다. 일은 의식이 맑을 때 더 잘 풀린다.

폭발 직전에 이르렀을 때

짜증이 올라오거나 더 이상 못 버티겠다는 생각이 든다, 쉬어야 하지만 쉴 수가 없다, 아기를 혼자 내버려둘 수는 없다, 함께 어울려 놀고 있는 아이들을 지켜봐야 한다, 10대 자녀가 집에 들어오기를 기다렸다가 이야기를 좀 해야 한다…….

이럴 때 예민한 부모에게는 믿고 도움을 받을 만한 사람이 필요하다. 그렇지만 지금 당장 도움을 받을 수 없고 스트레스가 극에 달한다면 어떻게 해야 할까?

순간의 화를 가라앉히는 긴급 처방

- **때때로 아이에게 양질의 TV 프로그램이나 비디오를 보여준다**

  예민한 부모도 지치면 아이를 꽤 힘들게 할 수 있다. 모든 것을 혼자 해내려는 마음을 내려놓아야 한다. 밀려드는 집안일, 넘치는 아이의 에너지를 감당하기 버거운 순간에는 잠깐 아이에게 도움이 되는 교육 영상을 보여줘도 괜찮다. 그 사이 부모는 잠시 숨을 돌릴 수 있다. 대신 아이가 눈에 들어오는 자리에 누워 쉬거나, 최소한 아이 목소리가 귀에 닿는 거리에서 쉬자. 아이가 단 몇 분이라도 무언가에 정신이 팔려 있다면 편안히 앉아서 책을 읽거나 먼 산을 바라본다. 할 일을 곧바로 처리하려고 나서지 말자.

- **숨을 천천히 깊게 들이쉰다**

입으로 숨을 내쉬면 다음번에 숨을 더 깊게 들이쉬게 된다. 원한다면 스트레스를 날려버린다고 상상하면서 숨을 내쉬어 보자.

- **감각적인 호사를 누린다**

무언가 좋은 냄새를 맡고, 예쁜 것을 보고, 좋아하는 음악을 듣고, 몸에 좋은 간식을 먹고, 잠옷이나 운동복처럼 편한 옷으로 갈아입자. 차를 한 잔 마시거나, 잠깐 발을 마사지하는 것도 도움이 된다.

- **아이든 어른이든 한 1분쯤 껴안는다**

포옹을 하면 옥시토신 분비량이 증가한 덕분에 기분이 좋아진다. 게다가 스트레스 호르몬이 줄고 통증이 완화되며, 혈압

이 내려가고 병에 걸릴 위험도 줄어든다.[4]

- **스트레칭을 한다**

바닥에 닿을 때까지 몸을 구부리고 척추 하나하나를 느끼면서 천천히 일어선다. 포효하듯이 입을 크게 벌린 후 얼굴의 긴장을 풀어본다. 요가 동작을 알고 있다면 지금 자신에게 도움이 되는 동작을 해보자.

- **명상을 한다**

이때 아이가 방해한다고 좌절하지는 말자. 아이에게 엄마(아빠)는 명상을 하고 있으며, 특별한 휴식을 취하고 있다고 설명해주자. 명상을 하면 때로 주변 사람들이 빠르게 진정되기도 한다.

- **아이와 함께 외출한다**

야외로 나가면 더욱 좋다. 자연은 놀라우리만큼 마음을 차분하게 해주며, 적어도 에너지를 다른 곳으로 흘려보내준다.

- **영양소를 충분히 섭취한다**

자신이 물을 충분히 마셨는지, 지난번 식사나 간식 시간의 메뉴를 체크해보고 부족한 것을 보충하자.

자극을 회복하는 방법은 예방하거나 견디는 방법과 유사하다. 아이가 쉴 때나 집에 없을 때 부모도 쉬어야 한다. 온갖 복잡한 일들을 처리하느라 몸과 마음이 지쳤다면, 잠이 필요한데도 잠들기가 어려울 수 있다. 자극의 80퍼센트는 시각을 통해 들어오기 때문에, 눈을 감는 것만으로도 휴식이 된다.

다만 한밤중에 깨서 다시 잠들지 못하는 일이 반복된다면 주의가 필요하다. 우울증이나 만성 불안의 징후일 수 있기 때문이다. 증상이 정신 질환에 해당할 정도로 심각한지 알아보고 싶다면 인터넷에서 DSM(정신 질환 진단 및 통계 편람)을 검색하여 읽어보자. 하지만 쉽게 눈물을 흘린다거나, 우유부단하다거나, 집중을 할 수 없는 등의 몇 가지 증상은 예민한 사람들이 과도한 자극을 받았을 때 보이는 '일반적인 반응'이라는 것을 염두에 두자.

우울증은 거의 매일, 하루 종일, 2주 이상 증상이 나타날 때 의심해볼 수 있다. 그리고 불안장애는 증상이 나타나는 날이 나타나지 않는 날보다 더 많은 상태가 6개월 이상 지속될 때 심각하다고 할 수 있다. 만약 이 기준에 부합한다면 민감성을 잘 이해하는 정신과 의사를 찾아보자. 진단 기준에 부합하지 않지만 우울감이나 불안감을 견디기 어려워서 도움을 받고 싶은 경우도 있을 것이다. 그렇다면 삶의 속도를 늦추고 육아나 집안 일을 도와줄 사람을 찾고 나서 다시 마음 상태가 어떤지 살펴보자.

한편 휴식과 수면이 꼭 필요하긴 하지만, 철저한 변화가 필요할 때도 있다. 어쩌면 볼일을 보러 혼자 잠깐 외출하는 것처럼 단순한 변화가 도움이 될 수도 있다. 육아와 전혀 관련이 없는 활동이 특히 도움이 된다. 새롭고 흥미진진한 활동도 좋고 늘 즐기던 활동도 좋다.

—— 직업적으로 성공하고 싶은 마음과 부모로서 아이를 사랑하고 관심을 보여주고픈 마음이 크다 보니, 민감한 사람으로서 제 자신의 욕구를 존중하기가 어려워요. 저는 스스로를 잘 돌보기로 결심은 많이 했지만 번번이 결심을 지키지 못했죠.

—— 무기력한 상태에 빠지지 않는 최고의 방법은 제 에너지 수준을 면밀히 살피는 거예요. 짜증이 나려는 기미가 보이는 순간 저는 휴식을 취해요. 집안의 소음과 혼란, 그리고 그냥 받아들이라는 내면의 목소리까지도 차단해요.

과도한 자극을 받는 상태가 지속되면, 멈춰서 회복할 시간을 갖기가 어려울 수 있다. 멈추지 않고 계속 앞으로 가다가 결국 연료가 다 떨어지고 만다. 코르티솔은 우리가 스트레스에 대처하도록 도움을 주기 위해 생성되는 물질이다. 하지만 스트레스를 너무 많이 받으면 코르티솔을 분비하는 부신이 고갈된다. 다시 말해서 자신을 너무 오래 밀어붙이면 결국 그 대가를 치르게 되므로 주의를 기울이자.

방전된 상태에서 회복하는 방법

- **집에서 스파를 즐기자**

  양초에 잔잔한 음악, 라벤더, 삼나무, 백단나무 등 자신이 좋아하는 향을 더해 따뜻한 물에서 목욕을 즐기면 몸과 마음이 이완되는 것을 느낄 수 있다. 목욕 후에는 마사지 오일이나 로션을 준비한다. 옷을 벗은 후 수건 위에 앉아서 초를 켜놓고 몸 구석구석 마사지해보자.

- **편안하게 혼자서 식사를 할 수 있는 시간을 마련한다**

  이때 배우자나 주변의 도움이 필요하다. 조용한 식사 후에 따뜻하거나 차가운 음료를 마신다. 계절에 따라 회복에 도움이 되는 음료라면 무엇이든 좋다.

- **육아 일기를 쓰자**

  자신의 기분을 표현하는 그림을 그리거나 시를 써도 좋다. 언젠가 육아 일기가 보물처럼 느껴질 날이 올 것이다. 훗날 육아 일기를 읽으면 아이가 얼마나 빨리 자랐는지, 자신이 얼마나 많은 일을 잘 감당했는지 알 수 있을 것이다. 때로는 아이를 갖기로 결심한 이유, 아이나 배우자에게 고마운 점을 모두 적어서 목록으로 만들어도 좋다. 그리고 이런 기억이 필요할 때 찾아서 읽어보자.

민감할수록
마음의 힘을 길러야 한다

우리는 스트레스를 받거나 두려움에 빠질 때 인생을 보는 시야가 좁아진다. 아이가 배변 훈련을 마치는 날이 과연 올지 의문이 든다. 다시는 밤잠을 푹 자거나 온종일 혼자서 보낼 수 없을 것 같다. 또 아이가 10대가 되면 다른 사람들에게 부모와 함께 있는 모습을 보이지 않으려고 하는 일이 일어날 것 같다. 이렇게 온갖 추측들로 두려움에 사로잡히게 된다.

그럼에도 민감한 사람은 큰 그림을 잘 보는 편이다. 그들은 어떻게 세상이 이런 방식으로 돌아가는지, 앞으로 어떻게 변할지를 생각한다. 나는 바로 이런 이유로 민감한 사람에게는 영성을 추구하는 성향이 있다고 생각한다. 영성은 세상을 보는 가장 큰 그림이기 때문이다. 우리가 태어난 이유는 무엇인가? 우리가 살아가는 이유는 무엇인가? 누가 우리를 창조했는가? 이 모든 것의 이면에는 누가 있는가? 우리는 죽으면 어떻게 될까? 사람들은 삶이 뜻대로 풀리지 않을 때, 민감한 사람들이 그들에게 조언해주기를 바란다. 이는 내가 민감한 사람을 '성직자 같은 조언자'라고 부르는 이유다.

내가 처음 민감성을 알아가기 위해 사람들을 인터뷰했을 때, 나는 영성에 관한 질문을 마지막까지 아껴두었다. 너무 사적인 주제로 여겨졌기 때문이다. 하지만 당시 인터뷰에 참가했던 40명의 참가자 전원이 인터뷰가 끝나기 전에 먼저 영성에 관한 이야기를 꺼냈고, 대다수가 여러 부류의 영적인 길 위에서 영적 훈련을 하고 있었다.

나는 영성 훈련이 자신보다 더 큰 무엇에 자신을 연결시키는 것이라고 생각한다. 그것은 가장 넓은 범위의 자아로부터 존재 전체, 천지 만물, 무한성과 영원성, 하나님 혹은 알라, 성스러움, 근원에 이르기까지 그 무엇이라도 될 수 있다. 요즘은 자신만의 고유한 영적인 길을 찾으려는 사람들이 많고, 전통적인 종교 안에서도 그런 움직임이 일고 있다. 또 내 생각에 이 모든 영적인 길에 대해 지칭하는 말은 서로 다를지라도 같은 곳을 향해 나아가는 것 같다.

언제든 필요할 때마다 큰 그림을 볼 수 있기를 바란다면, 영적인 길 위에서 매일 훈련을 해야 한다. 아이를 돌보느라 바쁘더라도 최대한 자주 시간을 만들자. 영성 훈련은 또 다른 형태의 휴식이다. 다음은 내 경험담이다.

아들이 태어난 첫해에 나와 남편은 파리에서 박사 후 과정을 밟으며 방 두 개짜리 아파트에 살았다. 매일 밤 내가 저녁을 준비하고 있으면 아들은 징징거리며 내 다리를 붙들고 늘어졌다. 아기 침대에 내려놓으면 아들은 빽빽 울어대며 나만 찾았다. 그럴 때마다 나는 힘들어서 울거나 화를 내곤 했다. 우리는 파리에 머무는 동안 친구가 강력히 추천했던 초월 명상Transcendental Meditation*을 배울 계획이었지만 여유 자금도 부족하고 아이도 돌봐야 해서 미뤄두고 있었다. 하지만 이런 상황이 계속되자 우리는 초월 명상을 배워보기로 결심했다. 남편과 나는 번갈아서 한 사람이 목소리를 낮추고 아들과 함께 있는 사이 다른 사람은 뒷방에서 20분 동안 명상을 했다. 명상을 시도한 첫날 저녁, 나는 전보다 안정된 상태로 아들과 저녁 시간을 보낼 수 있었다. 그러자 나의 평안한 상태를 감지한 것처럼 아들이 달라진 모습을 보였다. 이건 마치 기적과도 같았다. 그렇게 남편과 나는 초월 명상에 빠져들었다.

---

* 인도의 마하리시 마헤쉬Maharish Mahesh 요기가 만든 명상법으로 전 세계에서 가장 널리 수행하는 명상법 중 하나. 소리나 만트라(주문)를 외우며 15~20분씩 하루 2회 진행한다.

명상은 진정한 휴식과 영성 훈련을 결합하는 활동이다. 개인적으로 여러 가지 명상법을 비교해본 결과 민감한 사람들에게 가장 효과적인 명상법은 초월 명상이다. 가장 힘들이지 않고 제대로 휴식할 수 있는 명상법이기 때문이다. 기독교의 향심기도도 초월 명상과 매우 유사하다. 초월 명상 강좌는 꽤 비싸지만 그만한 값어치를 한다. 교습법이 매우 전문적이고 표준화되어 있으며, 과정을 수료하면 초월 명상을 훈련하는 동안 도움이 필요할 때마다 평생 무료로 조언을 얻을 수 있다. 초월 명상을 할 때는 편안한 자세로 앉아서 마음이 자유롭게 떠돌게 놔둬도 좋고 잠이 들어도 좋다. 초월 명상의 핵심은 휴식이 성공적인 활동의 바탕이 될 뿐 아니라 의식을 발전시키기 위한 바탕이 된다는 것이다. 하지만 이미 명상을 하고 있거나 다른 명상법을 선호한다면 그것도 좋다.

어쩌면 기도나 요가, 미술 치료, 자연에서 즐기는 산책, 혹은 몇 분간의 정원 가꾸기가 영성 훈련이 될 수도 있다. 무엇이든 가능한 자주 그리고 규칙적으로 시간을 내어 시도해보자.

내 마음의 문제를 들여다보기

예민한 부모는 일반적으로 감수성 편차differential susceptibility가 크다고 알려져 있다. 다시 말해서 어린 시절의 경험이 좋은 경우 여러 면에서 남들보다 뛰어나지만, 불우한 아동기를 보내면 남들보다 불안, 우울, 수줍음, 낮은 자존감 등이 더 심해진다. 내 경험에 따르면 감수성 편차는 자기 돌봄Self-Care에도 영향을 미친다. 아동기에 욕구가 잘 충족되었다면 예민한 부모는 자기 자신을 아주 잘 돌볼 것이다. 어린 시절에 부모가 방임했거나 지나치게 참견하면서 자기보다 타인의 욕구를 먼저 충족하도록 했다면 자기 돌봄에는 서투를 수 있다. 계속해서 자신을 잘 돌보지 못하는 경우에는 전문가의 도움을 받도록 하자. 내가 쓴 책 『사랑받을 권리』(웅진지식하우스)가 도움이 될 수 있을 것이다.

예민한 부모는 자기를 돌보는 방식이 다른 가족 구성원들에게 피해를 주지는 않는지 자주 점검해야 한다. 만약 한쪽 배우자가 지배권을 쥐고 있다면, 그런 일이 반복되지 않도록 매우 주의를 기울여야 한다. 만약 본인이 지배를 당하는 편이라면, 자신을 위해서나 아이를 위해서나 자기 욕구를 주장할 필요가 있다. 가정에서 돈을 버는 역할을 맡고 있고 유일하게 민감한 사람이라면, 가정에서 지배자가 되기 쉽다. 하지만 민감한데다 힘들게 일을 한다고 해서 가족들과 함께하는 시간이 적어도 된다거나 집안일을 할 필요가 없다고 생각해서는 안 된다. 만약 직장에서 스트레스를 너무 많이 받아서 집안일을 하기 힘들다면 이 문제를 어떻게 해결할지 진지하게 고민해보아야 한다. 이와 관련해서 더 많은 방안을 찾아보고 싶다면 3장을 참고하자.

예민한 부모가 타고나는 가장 큰 문제는 쉽게 지친다는 점이다. 자신이 소모되고 있다는 생각이 든다면 지금보다 더 나아져야 한다. 언제든 휴식을 취하고 자기 삶을 자세히 들여다보자. 무엇을 더 잘할 수 있을까? 무엇을 더 잘 챙겨 먹어야 할까? 무언가를 내려놓아야 할까? 과거에 무언가를 내려놓았을 때 정말로 그것이 아쉬웠는가? 인생에 육아를 더하기로 결정했다면 지금은 무언가를 빼야 할 때인지도 모른다.

3장

예민한 부모는
어떤 도움이 필요할까?

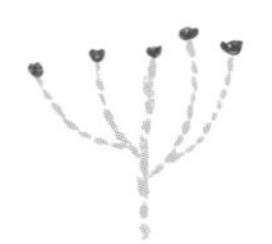

독박 육아가
부모와 아이에게 미치는 영향

민감할수록 육아와 가사에서 도움을 받아야 한다. 그들이 '세심한 관리가 필요한 부류'이기 때문이 아니다. 오히려 자기의 욕구가 충족되었을 때 부모로서 가진 출중한 능력을 발휘할 수 있기 때문이다. 예민한 부모는 주변 도움을 받지 않고서도 육아를 잘 해내는 부모를 보면서 죄책감을 느끼기 쉽다. 설령 도움을 받고 있더라도 그 비용 때문에 가족들에게 미안한 마음을 가질 수도 있다. 하지만 자신의 강점을 육아에 제대로 발휘하려면 먼저 부모가 지치지 않는 환경을 조성할 필요가 있다.

아이가 어느 정도 자랐다면 보육 기관을 가장 먼저 고려해 볼 수 있다. 보육이 가능한 연령과 보육 비용은 나라마다 다르다. 스칸디나비아반도 국가들을 비롯한 몇몇 국가에서는 생후

9개월부터 국가가 비용을 지원하는 보육 서비스를 받을 수 있다. 미국, 캐나다(퀘벡 제외), 영국과 같은 국가는 보육비를 대부분 부모가 지불해야 한다. 또 이탈리아와 같은 몇몇 국가에서는 젊은 부모가 일가친지의 도움을 받는 경우가 많다. 따라서 이 책에 나온 조언은 각자 자기 상황에 맞게 적용하면 된다. 아이가 보육 기관에 다니더라도 아이 돌보미나 가사 도우미 고용 여부를 고민해볼 필요가 있다. 아이가 커서 손이 덜 간다고 해도 마찬가지이다.

아기나 유아를 하루 종일 데리고 있으면서 집안일도 홀로 감당하는 사람을 본 적이 있을 것이다. 또 아이가 어린이집이나 학교에 다녀오는 동안 종일 직장에서 일하고서 퇴근 후에는 아이를 돌보고 집안일을 하는, 일과 육아와 가사를 아무 문제 없이 척척 해내는 사람도 있다. 여러분은 두 눈으로 아이를 지켜보면서도 휴식이 필요한데, 한 눈으로 아이를 지켜보면서 재택근무를 하는 사람도 있다. 게다가 그들은 활기차 보이기까지 한다. 그들은 민감하지 않은 80퍼센트에 속한다.

당신이 좀 더 예민한 부모라면 배우자나 다른 부모들에게 그 점을 설명하기가 쉽지는 않을 것이다. 특히 아이를 주중에 기관에 보내면서도 일주일에 40시간쯤 도움을 받아야 한다면 말이다. 집안일에, 바깥 볼일에, 장보기에, 식사 준비까지 해야 할 일이 너무 많다. 게다가 휴식 시간도 필요하다. 아마 왜 그렇게 도움을 많이 받아야 하는지 스스로도 이해하기가 쉽지 않을 것이다. 하지만 먼저 자신에게 도움이 필요하다는 점을 확신해야 주위 사람들을 설득할 수 있다. 도움이 필요한 사람은 그저 도움이 필요한 것일 뿐이다. 도움을 받는다고 해서 무능하거나 불량한 부모가 되지는 않는다.

— 프랜은 이러다가는 미쳐버리겠다는 생각이 들었고 도움을 받아야 한다고 느꼈다. 그래서 아이들이 학교에 간 사이에 쉴 수 있도록 청소, 빨래, 저녁 준비를 대신 해줄 가사 도우미를 고용했다. 친구들에게 이 이야기를 털어놓자 친구들은 놀랍다는 반응을 보였다. 아이가 셋이나 넷인 전업주부 친구들도 홀로 집안일을 감당하고 있었다. 프랜은 외톨이가 된 기분이었고 죄책감을 느꼈으며 친구들로부터 손가락질을 당하는 것 같았다. 남편으로부터 수차례 확신에 찬 말을 듣고 나서야 프랜은 가사 도우미가 중요하고 자신에게 필요하다고 확신할 수 있었다.

도움은 받을수록 좋다

하루 종일 집에서 홀로 아이 돌보기를 즐기는 사람은 거의 없을 것이다. 어린아이가 둘이나 셋이라면 말할 것도 없다. 물론 세상에는 육아에 재능을 타고난 사람들이 있고, 그들은 흔히 아이 돌보는 일을 직업으로 삼는다. 하지만 자신을 그런 '슈퍼 맘' '슈퍼 대디'들과 비교해서는 안 된다.

사람은 누구나 사회적으로 고립된 환경에서는 잘 지내기가 어렵다. 물론 아이를 돌보는 부모는 아이와 함께 있기 때문에 사회적으로 완전히 고립되었다고 볼 수는 없다. 하지만 어른과 함께 있을 때와 비교하면 사회적 상호 작용이 제한될 수밖에 없다. 사회적 상호 작용은 우리가 매일 일정 분량 섭취해야 하는 음식과도 같다. 어쩌다가 하루 정도는 단식할 수도 있고 가끔은 간식으로 때울 수도 있지만, 대체로는 규칙적으로 식사를 해야 한다. 때로는 한 사람과, 때로는 여러 사람과 상호 작용하는 시간이 필요한 것이다.

어린아이와의 상호 작용은 마치 사회적으로 매우 제한된 식이요법을 따르는 것과 같다. 아이는 이제 막 음식에 익숙해져서 이와 같이 제한된 식사를 즐길 수 있겠지만, 부모는 그것만으로는 오래 버틸 수 없다. 사실 어린아이들도 사회적으로 새로운 음식을 먹는 법을 배워야 한다. 다시 말해서 준비가 됐다면 가족이 아닌 다른 사람들을 접해봐야 한다.

잘 알려진 것처럼 20세기 중반까지는 일반적으로 부모가 육아를 전담하지 않았다. 그 이후에도 몇몇 산업화된 국가에서만 부모가 육아를 전담하는 경향이 생겨났다. 그 이전에 아이들은 여러 사람의 손에서 컸다. 조부모를 비롯한 일가친지가 아이를 돌봐주었고 큰 아이가 동생을 돌봐주거나 이웃에 사는 엄마들끼리 공동육아를 했다. 오늘날처럼 부모가 자기 아이 주위를 맴도는 대신 작은 공동체 안에서 아이들은 자유롭게 밖에 나가 놀았고, 어른들은 이웃의 아이까지 함께 지켜봐 주었다.

우리가 과거의 육아 방식을 버린 이후, 부모 중 한 사람이 집에 혼자 남아 육아와 가사를 전담해야 하는 문제가 생겨났다. 오늘날에는 시간을 절약해준다는 온갖 기기가 있지만 부모가 해야 할 일은 결코 줄지 않았고 더 복잡해지기만 했다. 예컨대 아이가 잠잘 때 함께 자는 대신 온라인으로 필요한 물건을 주문하는 등 고도의 집중이 필요한 일을 하는 것이다. 또는 아이가 온 집안을 들쑤시고 다니는 와중에 집을 방문한 수리공과 이야기를 나눠야 한다. 이와 같은 멀티태스킹은 예민한 부모에게는 특히 힘든 일이다. 나와 잘 알고 지내는 한 가족은 가사와 육아에서 외부의 도움을 많이 받았는데, 그들은 이렇게 말했다. "집에 적어도 두 사람은 함께 있어야 할 것 같아요. 아기는 끊임없이 보살펴줘야 하는데, 혼자서는 도저히 감당이 안 되거든요." 다음은 내 경험담이다.

—— 나는 아이가 어렸을 때 남편과 거의 공동육아를 했기 때문에 운이 좋은 편이었다. 하지만 한동안 남편이 연구 때문에 집을 비워야 했던 시기가 있었다. 나는 차가 없었고 밴쿠버의 겨울은

어둡고 음울했다. 당시 나는 내가 민감한 사람이라는 사실을 몰랐지만, 이제 막 18개월이 된 아들과 단 둘이 하루 종일 집에만 있다가는 미쳐버리리라는 것만큼은 알 수 있었다. 아이는 걸을 줄 알지만 여전히 안아줘야 할 때가 많았고, 내가 어디를 가든 알아차렸지만 말은 할 줄 몰랐다. 아이가 자지 않으면 나는 잘 수가 없는데 낮잠 시간마저 짧아졌다. 나는 혼자만의 시간이 간절히 필요했다. 당시 남편은 내게 공감해주었고, 내가 혼자 시간을 보낼 수 있는 방법을 찾으려 함께 노력했다. 안전한 놀이 공간에 아이를 두고 멀리서 지켜보기, 하루라도 육아를 도와줄 수 있는 친척이나 지인 알아보기 등의 방법은 일시적이었지만 한숨 돌릴 수 있는 계기가 되었다.

당분간 집에서 혼자 아이를 돌봐야 한다면 저녁에 집에 돌아온 식구들과 충분히 소통을 잘 해야 한다. 낮 동안 집을 비웠던 사람은 퇴근 후 집에 혼자 남았던 사람을 위해서 저녁 식사 준비와 아이 재우기를 도와줘야겠지만 어른들끼리 교제 시간을 갖는 것도 중요하다.

독박 육아가 얼마나 견딜 만한가는 양육자의 성격 그리고 아이의 기질과 연령에 따라 다르다. 독박 육아를 해도 괜찮은 사람이 있겠지만 대다수는 힘겨울 것이다. 그러니 힘들다 해도 자신을 비난해서는 안 된다.

이 문제를 해결하는 방법 중 하나는 아이를 기관에 보내도 괜찮겠다는 판단이 들면 곧장 실행에 옮기는 것이다. 예민한 부모들 중에는 아이를 너무 일찍 혹은 너무 오랜 시간 기관에 보내는 것은 아닐까 하며 죄책감을 느끼는 경우가 있다. 물론 부모는 자신과 아이를 위해 최선을 선택해야 한다. 그러나 특정 연령에 이르면 어린이집에 가서 또래와 어울리면서 유치원 생활을 준비하는 편이 아이에게도 더 유익하다는 것을 기억하자. 아이들은 처음에는 부모와 떨어지기 싫어서 어린이집에 가지 않으려 한다. 부모는 이런 아이를 지켜보기가 힘들지만, 대다수 아이들은 결국 어린이집 생활에 정을 붙일 수 있다. 그러니 죄책감을 갖기보다는 아이와 함께하는 시간에 기쁘게 집중해주는 편이 낫다.

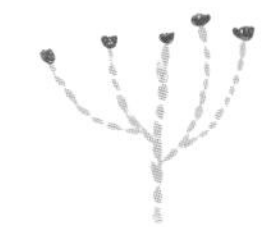

육아와 가사에서 도우미의 역할은 크다

예민한 부모는 직장에 다니지 않고, 아이가 기관에서 많은 시간을 보내더라도 청소나 빨래를 도와줄 가사 도우미를 고용해야 할 수도 있다. 나는 육아나 가사 도우미에 돈 쓰기를 꺼리는 부모를 만나면 농담을 던진다. “아이 대학 등록금 명목으로 저축해놓은 통장에서 돈을 빼 쓰세요. 아이의 대학교 입시나 성공 여부는 대개 지금 부모가 아이를 어떻게 양육하느냐에 달려 있으니까요.” 그러고 나서 귀에 못이 박히도록 재차 강조한다. “부모가 아이를 어떻게 양육하느냐는 부모가 얼마나 잘 쉬느냐에 달려 있고, 부모가 얼마나 잘 쉬느냐는 얼마나 도움을 받느냐에 달려 있어요. 돈을 쓰세요.”

도우미를 고용할 때 고려해야 할 사항

예민한 부모라면 비용의 문제를 떠나 아이와 집안일을 다른 사람에게 맡기기가 힘들 수도 있다. 딱 맞는 적임자를 바라는 마음 때문에 느끼는 부담감, 그리고 적임자가 아닐 경우 해고하는 과정에 대한 걱정이 앞서기 때문이다. 그럴 땐 계약을 마무리 짓기 전에 수습 기간을 두는 등의 전략을 마련해놓는 것도 좋다. 예민한 성향 때문에 때로는 다른 사람이 집에 함께 있다는 것 자체가 불편할 수도 있을 것이다. 그럼에도 불구하고 수월한 육아를 위해서는 누군가의 도움을 받아야 한다. 도우미를 고용하기 전에 미리 알아두면 좋을 사항들을 체크해두면 도움이 될 것이다.

먼저 고용인과 처음부터 너무 친밀한 관계가 되지 않도록 유의하자. '친절하지만 친구는 아닌' 관계를 맺으면 불만이 생기거나 더 이상 고용 관계를 유지할 수 없을 때 이야기하기가 조금 더 편하다. 그리고 되도록이면 고용인의 사생활에 얽혀들지 않도록 주의해야 한다. 고용인이 자기 이야기를 하고 싶어한다면 잠깐은 이야기를 들어도 좋지만, 곧 다른 일을 해야 한다는 뜻을 넌지시 드러내야 한다. 아이가 특정 연령에 이를 때 고용 관계를 정리할 계획이라면 고용인에게 미리 말해주고, 그때가 오면 다른 일을 찾을 수 있도록 다른 가정을 추천해주겠노라고 이야기해두자.

부부가 맞벌이를 해야 하는 가정은 어떻게 해야 할까? 돌보미를 고용하든 기관에 보내든 부모가 일하는 시간 동안은 아이를 어딘가에 맡겨야 한다. 이런 경우 아이와 함께 집에 있어주지 못해서 아쉬움과 죄책감을 느낄 수 있다. 하지만 모든 부모가 아이와 집에 있어주는 것이 최선이라는 생각에서 벗어날 필요가 있다. 때로는 부모가 잠시 집을 떠나 있는 것이 모두에게 더 좋을 수도 있다. 퇴근 후에 아이와 더욱 즐거운 시간을 보낼 수도 있기 때문이다.[1]

일하는 것에 죄책감을 느끼기보다 두 사람 모두 스트레스가 심한 직업을 갖고 있지는 않은지, 출퇴근 거리가 멀지는 않은지, 근무 시간이 길지는 않은지 점검해봐야 한다. 만약 힘들다면 이직을 하거나, 근무 시간을 줄이고 생활 수준을 낮추는 쪽을 고려해본다. 때로는 도우미를 고용해서 수입이 줄어든다고 해도 가사 도움을 받기 위해 비용을 지불할 필요가 있다. 직장에서 집에 돌아왔을 때 말끔하게 청소가 되어 있고, 빨래가 모두 정리되어 있고, 저녁 식사가 차려져 있으면 어떨지 상상해보자. 이 모든 제안의 핵심은 좋은 부모가 되기 위해서는 육아와 가사에서 도움을 받아야 한다는 점이다.

도우미를 고용할 만한 여유가 없을 때

도우미를 고용할 여유가 없더라도 절망할 필요는 없다. 예민한 부모 특유의 창의성을 발휘해보자.

먼저 할아버지, 할머니, 이모, 삼촌은 어떨까? 아이가 없는 친척 중에는 자신과 혈연으로 맺어진 아이를 잠깐씩 봐주고 싶어하는 사람이 있을지 모른다. 사회적 동물들 사이에서는 친척이 육아의 상당 부분을 감당해주는 사이 부모가 사냥을 하거나 먹이를 먹는 등의 활동을 한다. 이것이 바로 지금 여러분에게 필요한 것이다. 그들은 어쩌면 여러분의 부탁을 기다릴지도 모른다. 물론 이런 관계는 그들이 부모로서 육아 경험이 없다면 매우 미묘한 관계가 될 수 있다. 그러므로 육아를 기꺼이 배우려고 하는 사람이 좋다. 만약 아이를 기른 경험이 있다고 해도 육아법을 공유하기가 더 어려울 수 있다. 아이를 기르는 방식은 세대마다 다르기 때문이다. 나는 여러분에게 육아를 기꺼이 배우려는 부모님이나 친척이 있기를 바란다.

주위에 도와줄 사람이 없어서 도우미를 고용해야 하는데 그만한 여력이 없다는 생각이 든다면 다시 생각해보기를 바란다. 일주일에 단 몇 시간만 도움을 받아도 휴식을 확보할 수 있다. 그 휴식은 여러분이 부모로서 최선의 모습을 보일 수 있도록 도울 것이다.

또는 정부나 비영리단체, 혹은 지역 사회에서 제공하는 육아 지원 프로그램을 찾아본다. 아이 돌봄이 가능한 곳에서 그저 다른 부모들과 어울리는 것만으로도 큰 도움이 될 수 있다. 이런 모임은 처지가 비슷한 부모들끼리 네트워크를 형성하는 기회가 될 수도 있다. 또 국가에서 부모가 필요한 지원을 받을 수 있도록 전화 상담 서비스를 운영하기도 한다. 예민한 부모는 실제로 절박한 상황에 처할 수 있다. 만일 온종일 집에서 홀로 아이를 돌보거나 퇴근 후에 아이를 돌보기가 너무 버겁다면 그렇다고 말하기를 주저하지 말자.

직장은 하나의 탈출구가 될 수 있다

시간제든 전일제든 취직을 하는 것도 방법이다. 그러면 수입이 생겨서 가사나 육아에 도움을 받을 만한 여력이 생길 것이다. 이런 상황에 처한 여러 예민한 부모들은 수입을 가사와 육아에 도움을 받기 위해 모두 쓴다고 해도 상관없다고 말한다. 그들이 일하는 이유는 집안의 혼란에서 잠시 벗어나 시간을 보내고, 육아 외에 다른 주제로 어른들과 대화할 기회를 얻고, 부모라는 정체성 이외에 다른 정체성을 갖기 위해서다. 차라리 아이도 부모와 보내는 시간이 적은 편이 나을 수 있다. 그렇게 해서 부모와 함께 있을 때 좀 더 기분 좋은 시간을 보낼 수 있다면 말이다.

물론 일을 마치고 집에 돌아왔을 때 너무 지친다면 취직은 도움이 되지 않을 것이다. 따라서 음성이나 화상을 통해서 다른 사람들과 소통할 수 있다면 재택근무가 더 나을 수도 있다. 하지만 아이가 집에 있는 동안에는 아이를 돌봐줄 사람이 있어야 일에 온전히 집중할 수 있고 더불어 혼자 휴식하는 시간도 확보할 수 있다. 일에서 휴식을 취하는 동안 아이와 함께 시간을 보내려고 마음먹었다면 일을 완전히 내려놓고 육아에 온전히 집중한다.

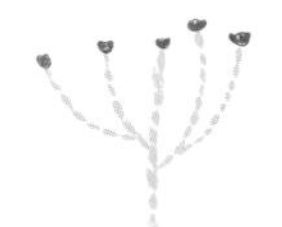

육아가 버거울 때 필요한 기술

예민한 부모들이 평균적으로 독재적이고, 허용적인 양육 방식을 민주적인 양육 방식에 비해 더 많이 사용한다는 연구 결과를 기억하는가? 나는 예민한 부모 중 다수가 충분히 도움 받지 못해서 버거워하고 있으며, 그 결과 극단적인 양육 방식을 자주 사용한다고 생각한다. 만약 자신의 육아 능력에 회의감을 품고 있거나 아이 앞에서 자주 이성을 잃고 폭발하여 감정을 주체하지 못한다면 또 다른 도움이 필요하다. 예민한 부모는 육아가 너무 버거워지기 전에 상황에 대처하는 요령을 적절히 익혀야 한다.

한 가지 요령은 하던 일을 멈추고 잠시 유쾌한 기억을 떠올리는 것이다. 그리고 아주 조금만 더 참을 수 있다면 미래를 위해 지금 어떻게 행동해야 할지 생각해본다. 이 과정에 능숙해지려면, 버겁다고 느끼기 전에 매일 틈틈이 멈추는 연습을 해야 한다. 어쩌면 그렇게 멈춘 동안 자신이 점점 '폭발하려는 상태'로 다가가고 있음을 느낄 수 있을 것이다.

부모가 아주 조금 더 자기 자신을 돌아보는 것만으로도 감정을 다스릴 수 있고, 그 결과는 아이의 인생에 영향을 미칠 것이다. 아이가 짜증 부리고, 반항하고, 말을 안 듣고, 거짓말하고, 계속 징징거리고, 터무니없는 요구를 하는 등 부모의 평정심을 뒤흔드는 온갖 행동을 할 때 어떻게 반응하는가? 이런 상황에서 부모가 평정심을 잃지 않고 효과적으로 훈육하는 방법을 알려주는 전문가들이 무척 많다. 그들이 쓴 글이나 강연 등을 살펴보자. 누가 도움이 될지 감이 올 것이다. 많은 전문가가 대면이나 유선으로 일대일 상담을 한다. 전문가가 자신과 아이에 대해 꽤 많이 알 만큼 관계를 발전시키자. 그러면 육아를 하면서 어떤 문제가 생기거나 아이가 새로운 발달 단계에 접어들 때 그들에게 전화해서 빠르게 도움을 받을 수 있을 것이다.

내 아이의 기질을 먼저 파악하기

부모는 아이의 기질을 잘 알아둬야 한다. 민감성뿐 아니라 전문가들이 흔히 말하는 대표적인 기질의 유형을 전부 파악해두자.[2] 이 주제를 다룬 대표작에는 메리 커신카Mary Kurchinka가 쓴 『아이를 바꾸려 하지 말고 긍정으로 교감하라』(물푸레)가 있으며, 이 책은 아이들의 대표적인 아홉 가지 기질을 소개한다. 양육 전문가들은 까다로운 기질을 타고나는 아이들이 있다고 말한다. 만약 아이가 이런 기질 중 하나를 타고났다면, 부모가 특히 더 노련해져야 한다. 부모가 아이의 기질을 알면 힘든 순간을 예방하기가 수월해질 것이다.

육아서에서 소개하는 육아 기술을 여태까지 사용해본 적이 없다고 해도 괜찮다. 지금까지 너무 많은 실수를 저질렀다며 의기소침해질 필요도 없다. 새로운 기술을 배우고 지금이라도 적용하면서 자신이 원하는 방식으로 아이를 대하도록 애쓰자. 새로 배운 육아 기술은 능숙해지기까지 시간이 걸리므로 간혹 실수를 저지른다고 해도 자책하지 말자. 상황에 맞는 육아 기술을 미리 익히고 적절히 활용하다 보면, 육아가 버겁다는 느낌은 점점 줄고 부모로서 자신감이 붙을 것이다.

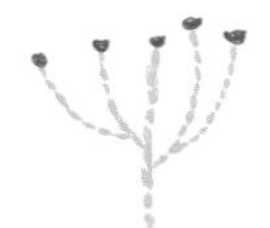

아이의 연령에 맞게 도움을 받는 법

아이의 발달 단계에 따라 부모가 받아야 할 도움의 종류가 달라진다. 모두가 알고 있듯, 아기를 갓 낳은 부모에게는 도움이 절실하다. 출산 직후 배우자가 출산 휴가를 받을 수 없거나 다른 가족으로부터 도움을 받을 수 없다면 산후 도우미를 구해야 한다. 산후에 바로 도움을 받을 수 있도록 도우미를 반드시 미리 구해놓자.

독자들 대다수가 이미 아이를 기르고 있을 것이므로 여기서 출산 시 둘라Doula나 조산사, 간호사 등의 도움을 받을 때 어떤 이점이 있는지는 비교하지 않을 것이다. 많은 도우미들이 전문가 협회에서 부여하는 자격증을 갖추고 있다. 하지만 실력 있는 도우미 모두가 자격증을 갖춘 것은 아니다. 경험이 많은 보모는 자격증을 갖춘 도우미만큼 아이를 잘 돌보면서도 비용은 저렴하고 집에 더 오래 머물러줄 수도 있다. 이전에 도우미를 고용한 경험이 있는 주위 사람들에게 소개를 부탁해보자. 평소 잘 알고 지내는 다른 부모의 추천을 받는 것이 가장 좋다.

영아기 아기를 기를 때

이제 갓 부모가 되어 신생아를 돌봐야 한다면, 부모로서 아이를 돌본 경험이 많거나 특별히 신생아 돌봄 교육을 받은 도우미를 고용하면 좋다. 하지만 육아 주도권은 여전히 부모가 쥐고 있어야 한다. 만약 부모가 새로운 육아 방식을 책에서 보고 적용하려 한다면, 도우미는 다소 생소하더라도 부모의 방식을 따라야 한다. 자신의 아이와 관련된 문제라면 예민한 부모의 판단이 옳을 가능성이 높다. 그들은 직감이 뛰어난데다 때로 어떤 문제를 철저히 연구해서 다른 사람들이 잘 알지 못하는 사실을 알아내기 때문이다.

조언을 듣는 것은 좋지만, 조언이 자신에게 잘 맞지 않을 때는 "좋은 생각이긴 하지만 저한테는 맞지 않을 것 같아요."라고 말할 수 있어야 한다. 그리고 그 이유를 반드시 설명해줄 필요는 없다.

유아기 아이를 기를 때

걸음마를 시작한 유아는 신생아만큼이나 돌보기가 힘들다. 이전보다 아이를 따라다니며 지켜봐야 하는 시간이 길어지기 때문이다. 좋은 점은 아이가 걸음마기에 이르면 외출 기회가 더 많아지고 때로는 다른 부모와 함께 시간을 보낼 수 있다는 것이다. 이 시기에 이르면 복직을 하는 부모도 있다. 아이가 매우 활동적이거나 까다롭다면 아이를 기관에 보내더라도 집에서 도움을 받아야 할지 모른다.

도우미를 고용할 만한 여유가 없다면 창의성을 발휘하자. 종일 집에 있거나 시간제로 일하는 부모들끼리 서로 번갈아 가면서 자기 아이와 함께 한두 아이를 더 보면, 그 사이 다른 부모들은 필요한 휴식 시간을 갖거나 일을 조금 더 할 수 있다.

하지만 이런 경우 고려해야 할 몇 가지 사항이 있다. 먼저 이웃과 번갈아 가면서 아이를 보려 한다면, 일정 기간을 두고 이 방식이 서로에게 괜찮은지 지켜본다. 또 공동육아 관계를 맺는 다른 부모들과 갈등이 생길 수 있음을 염두에 둬야 한다. 갈등은 아이들에게 TV를 얼마나 보여줄지 같은 사소한 문제로도 빚어질 수 있다. 아니면 신뢰할 수 있는 부모들과 조금 더 유연한 육아 모임을 만들어, 각자 다른 아이를 봐줄 때마다 점수를 얻고 아이를 맡겨야 할 때 자신의 점수를 사용하는 방식을 시도해볼 수도 있다.

또 하나의 대안은 아이 돌보미를 공유하는 것이다. 이에 관해서는 인터넷에서 정보를 찾아볼 수 있다. 아이 돌보미를 공유하면 부모는 너무 많은 아이를 돌보느라 버거워할 필요가 없고, 두 가족이 함께 조금 더 자격을 갖춘 사람을 고용할 수 있다. 이때 유의할 점은 아이들을 다루는 방식에 대해서 서로 의견이 엇갈릴 수 있다는 것이다. 아이들이 어떤 종류의 음식을 얼마나 먹어야 할지, 그리고 언제부터 먹기 시작할지에 대해 부모들 사이에 의견이 다를 수 있다. 또 부모들이 머리를 맞대고 아이 돌보미가 집안일을 얼마나 할지 결정해야 한다. 단, 돌봐야 할 어린아이가 둘 이상일 때는 돌보미가 할 수 있는 집안일이 많지 않다는 점을 고려하자.

아이를 맡길 기관을 선택할 때

아이가 어느 정도 자라면, 부모는 집 밖에서 더 많은 도움을 받을 수 있다. 유아를 지금껏 집에서 돌봐왔다면, 부모는 아이가 유치원에 갈 만큼 자랐다는 사실에 들떠 있을 수도 있다. 하지만 처음에는 아이가 낯선 곳에서 잘 지낼 수 있을까 하는 우려도 있을 것이다. 집에서 도움을 받을 때와 마찬가지로 기관을 고를 때도 적합한 곳을 선택해야 한다. 특히 민감한 아이를 키우는 부모라면 신경 써야 하는 것들이 더 많아진다.

—— 저희 아이는 예민해서 차로 어린이집에 오가는 걸 힘들어했어요. 그래서 집에서 멀지 않은 어린이집을 찾았죠. 어린이집까지 걸어가면서 바깥바람을 쐬는 건 아이의 마음을 가라앉히는 데 도움이 됐어요. 차로 어린이집에 가는 것보다 함께 걸어가는 것이 더 순조로웠어요.

—— 저희 스웨덴 사람들은 민감성이 뭔지 잘 몰라요. 사람들은 흔히 민감성을 ADHD(주의력 결핍 과잉 행동 장애)와 같은 정신 장애와 혼동하기 때문에 저는 그런 오해를 사기 싫었어요. 그래서 어린이집 교사에게 우리 아이가 상황에 대처하는 방식을 비유적으로 설명했어요. 민감하지 않은 사슴은 숲속 빈터를 발견하면 신나게 달려가지만 민감한 사슴은 일단 안전한지 지켜본다는 예시를 들었죠. 그러자 선생님은 아이를 더 잘 이해하게 된 것 같았어요. 그리고 저는 이게 단지 아이가 수줍어서 그런 게 아니라고 확실하게 말해두었어요. 또 아이가 감정을 강렬하게 느낀다는 것과 과도한 자극에 쉽게 압도당한다는 점도 이야기했죠. 만약 교사가 이런 중요한 문제를 이해하지 못한다면, 그곳은 저희에게 맞는 어린이집이 아니었을 거예요.

예민한 부모가 기관을 고를 때 당면하는 가장 큰 문제는 고려할 요소가 너무 많다는 점이다. 아이를 기관에 보낼 준비를 미리 갖추고 철저히 조사하면서 다른 부모들의 조언을 들어보자.

기관을 찾을 때 반드시 고려해야 할 것들

- **엄마들의 온라인 대화방이나 맘카페에서 정보를 얻는다**

  같은 지역에서 여러 기관을 경험해본 사람을 찾아보자. 그중에는 자기 경험을 자세히 설명해줄 사람이 있을지 모른다.

- **기관에서 부모의 참여를 얼마만큼 기대하는지 알아본다**

  부모가 외향적이냐 내향적이냐에 따라 참여할 수 있는 수준이 다를 것이다. 아이가 둘 이상이라면 부모가 반드시 참여해야 하는 행사가 많지 않은 기관이 좋을 것이다.

- **교사의 교육 이력 및 경력을 알아본다**

  미리 교사에 대한 정보를 알아두면 적어도 그것 때문에 실망해서 기관을 옮길 일은 없을 것이다. 물론 교육 이력과 상관없이 따뜻하고 다정하며 같이 있기에 편안해야 하고, 무엇보다 아이에게 관심이 있는 교사가 가장 좋다. 이왕이면 한 교사가 담당하는 아동의 수가 적은 기관을 찾는다.

- **교사가 아이들 간의 갈등에 효과적으로 대처하는지 본다**

기관에서 아이들이 소리를 지르며 뛰어다니지는 않는지 놀기 좋은 야외 공간이 있는지를 본다. 아이가 집에 돌아와 부모와 함께 시간을 보낼 때 기관의 환경이 아이에게 영향을 미치기 때문이다.

- **아이 기질에 잘 맞는 기관을 찾는다**

아이가 민감하거나 매우 활동적이거나 반응이 느리거나 감정이 격하다면, 교사가 기질을 잘 이해하는지 알아본다. 아이의 특성과 관련하여 아이가 상황에 반응하는 방식에 대해 이야기해볼 수 있다. 연구에 따르면 민감한 아이는 다른 아이들에 비해서 보육 환경에 크게 영향을 받는다.[3] 환경이 좋으면 더 잘 자라지만, 열악한 환경에서는 더 힘들어하는 것이다. 따라서 기관 선택은 매우 중요하다.

학령기 아동과 10대 청소년을 기를 때

학령기에 이른 아이는 학교에서 보내는 시간이 많아진다. 그렇기 때문에, 이 시기에 부모는 주로 집에서 아이를 돌볼 때나 아이의 등하교에 도움을 받는다. 만약 부모가 맞벌이를 하고 있거나 복직할 예정이라면, 일을 마치고 아이를 데리러 갈 때까지 학교나 다른 곳에서 아이를 돌봐주어야 한다. 통학 거리와 교통의 혼잡도도 하나의 변수이다. 생각보다 부모가 학교에 갈 일이 많기 때문이다.

부모는 본인이 학령기에 학교 안팎에서 필요했던 보호와 감독이 어쩌면 아이에게는 필요하지 않을 수도 있다는 것을 염두에 둬야 한다. 다부진 아이라면 그럭저럭 괜찮은 학교에 다녀도 만족할 수 있다. 혹은 부모가 맞벌이를 해서 방과 후 돌봄 교실에서 오랜 시간을 보내도 잘 지낼 수 있다.

부모에게 얼마나 많은 도움이 필요한지는 아이가 방과 후 및 주말 활동에 얼마나 많이 참여하는지에 따라서도 달라진다. 아이가 참여하는 활동이 많으면 부모도 신경써야 할 일이 많아지기 때문이다. 예를 들어 주중에 일을 한다면, 부모는 아이의 축구 시합 관전 때문에 꼭 휴식을 취해야 할 주말을 잃고 만다. 그러므로 어떤 도움을 받을지 고민하고 있다면, 좋은 운전기사를 고용해서 아이를 데려다주고 데려오는 방안도 고려해본다.

아이에게 부모의 관심이 필요할 때와 필요하지 않을 때가 언제인지 관찰해보자. 활동에 참여하는 시간과 참여하지 않는 시간의 균형을 잘 맞춰야 한다. 행사들을 너무 피하면 다른 부모들을 알고 지낼 기회가 줄어들기 때문이다. 처음에는 다른 부모들과 함께 있다가 중간쯤에 상황 설명을 하고 양해를 구할 수도 있다. 내 생각에는 부모라면 누구나 이해할 수 있을 것이다.

설사 여러분이 다른 부모보다 조금 더 많이 자리를 비운다고 해도 말이다.

아이가 청소년기에 이르렀다면 집안일을 돕기 시작했을 것이다. 또 아이가 집에 혼자 있거나 밖에 나가 다른 사람들과 함께 있을 때, 이제는 부모가 아이를 믿고 멀찍이서 지켜볼 수 있을 것이다. 이 시기에 부모의 상황이 여의치 않아서 함께해 주지 못한다면 도움을 줄 수 있는 사람을 알아보아야 한다. 아이들을 차로 통학시키거나, 하교 시간에 집에 있어줄 수 있고 10대 아이들을 잘 이해하는 도우미를 구해보자.

지나친 공감은 도움이 안 된다

예민한 부모는 자신이 다른 부모에 비해 도움을 더 많이 받는다는 죄책감과 경제적 부담을 동시에 느낀다. 공감을 잘하고 양심적인 성향까지 겹쳐서 마음이 더욱 복잡할 수 있다. 1장의 연구 결과를 기억하는가? 민감한 사람은 공감할 때 사용하는 뇌 부위가 남들보다 더 많이 활성화된다. 그래서 다른 사람에게 일어난 일을 마치 자신에게 일어난 일처럼 느낀다. 또 2장에서 살펴본 설문 조사 결과에 따르면 그들은 '내 아이가 커다란 성공이나 좌절을 경험할 때, 그 일이 마치 내게 일어난 일처럼 느껴진다.'라는 문항에 다른 부모보다 더 많이 동의했다.

부모가 아이에게 공감하는 것은 좋지만, 예민한 부모일수록 공감 능력 때문에 아이를 어린이집이나 유치원, 혹은 학교에 보낼 때 더 힘겨워하기도 한다. 아이가 울며불며 가기 싫다고 소란을 부릴 때 부모는 그 이유를 깊이 들여다보아야 한다. 어쩌면 부모가 몰래 아이를 지켜보면서 아이가 기관에 있는 동안 즐겁게 지내는지, 즐겁지 않다면 왜 그런지 관찰해볼 수도 있을 것이다.

만약 부모가 아이와 같은 나이였을 때 어린이집이나 학교에 가기가 힘들었다면, 부모와 헤어지기 힘들어하는 아이에게 부모 자신의 경험을 투사하지 않도록 주의해야 한다. 그 대가로 부모는 휴식 시간을, 아이는 건강한 또래 관계를 잃을지 모른다.

공감 능력에서 비롯되는 문제는 도우미를 고용할 때도 일어난다. 때로 예민한 부모는 낯선 사람과 함께 집에 남겨질 아이에게 공감하며 마음 아파한다. 어쩌면 부모는 어린 시절 보모와 함께 집에 남겨졌을 때 자신이 경험한 감정을 떠올리고는 아이에게 투사하는 것일지도 모른다. 아이들은 더러 돌보미가 집에 오면 기분 나빠하다가 막상 부모가 집을 나서면 돌보미와 즐거운 시간을 보내기도 한다. 또 예민한 부모는 고용인의 개인적인 사정에도 공감할 수 있다. 너무 많은 이야기를 듣지 말고 있지도 않은 사실까지 상상하지 않도록 주의하자.

집 안팎에서 도움을 받을 때는 늘 현실을 직시해야 한다. 언제나 문제는 생기기 마련이다. 자신이 생각하는 이상적인 부모가 되려면 그 무엇보다 자기 자신을 잘 돌봐야 한다. 비행기에서 나오는 안전 수칙을 기억하자. 부모가 먼저 산소마스크를 쓰고 난 뒤에 아이가 마스크를 착용할 수 있도록 도와야 한다.

4장

예민한 부모는 왜 결정이 힘들까?

너무 신중하면 쉽게 지친다

민감한 성격의 유일한 약점은 바로 지나치게 신중하다는 점이다. 그들은 결정을 내릴 때 시간을 들여 심사숙고하기를 선호한다. 1993년 심리학자 패터슨Mark C. Patterson과 뉴먼Joseph P. Newman은 일련의 연구를 수행한 끝에 사람들이 과제에 실패했을 때 보이는 두 가지 전형적인 반응을 밝혀냈다.[1] 하나는 최대한 빨리 다시 시도하는 것이었고 다른 하나는 재시도하기 전에 시간을 들여 돌아보는 것이었다. 두 번째 전략을 택한 사람들은 민감한 사람들이었다. 물론 당시에는 '민감한'이 아닌 다른 용어로 지칭되었다.

민감한 사람들이 선택한 전략은 에너지가 소모된다는 점을 제외하면 훌륭한 전략이다. 2018년에 발표된 한 연구에서,

캐슬린 보Kathleen Vohs 외 다섯 명의 연구자들은 참가자에게 선택 과제를 내주었다. 과제는 여러 제품들 중에 원하는 것을 고르거나, 대학에서 수강할 과목을 선택하는 것이었다.[2] 통제 집단은 선택하지 않고 각 선택지를 평가하기만 했다. 이후 참가자들은 다양한 과제를 수행했는데, 능동적으로 선택한 집단은 선택지를 평가만 했던 통제 집단에 비해서 모든 과제에서 수행 수준이 떨어졌다. 그뿐 아니라 중요한 수학 시험을 앞두고 미루는 행동을 보이기도 했다. 다른 과제를 수행하고 자제력을 발휘하기 위해 필요한 에너지가 선택을 내리는 과정에서 고갈되고 만 것이다.

의사 결정은 세월이 흘러도 쉬워지지 않는다. 앞서 언급한 보의 연구에 따르면 1976년에 미국의 슈퍼마켓에는 약 9천 개의 상품이 존재했다. 하지만 그들이 연구 논문을 작성한 2014년에는 슈퍼마켓에 평균 4만 개의 상품이 있었다. 선택지가 거의 여섯 배나 증가한 것이다. 의사 결정에 관한 연구 자료를 검토한 연구자들은 어느 지점에 이르면 선택지가 많아질수록 사람들이 느끼는 만족도가 떨어진다고 말한다. 예민한 부모는 특히 더 그렇다. 우리 연구에서 예민한 부모일수록 '육아에 대한 결정을 내리기가 너무 힘들다.'고 응답하는 비율이 훨씬 높았다.

예를 들어, 기저귀는 어떤 제품을 사야 할까? 사소한 결정이지만 잘못된 선택을 내리면 안 좋은 결과가 뒤따른다. 가족을 위해서 먹거리를 결정할 때도 마찬가지이다. 사소해 보이지만 시간의 흐름에 따라 그 영향이 누적된다. 아이가 사귄 친구가 괜찮은 아이일까 아니면 부모가 개입을 해야 할까? 아이를 위해 이사를 해야 할까? 이런 것들은 모두 결정하기 어려운 문제다.

정보를 깊이 처리하는 능력은 강한 정서 반응과 연관이 있다는 사실을 기억하는가? 우리는 마음이 쓰이는 문제를 더 깊이 생각한다.[3] 그래서 학교에서는 시험을 본다. 시험을 잘 치르고 싶은 욕망과 망칠까 두려운 마음이 동기가 되어 학생들이 공부하기 때문이다. 예민한 부모를 움직이는 가장 큰 동기는 아이를 향한 사랑이다. 그들은 모든 결정을 신중하게 내리려고 한다. 마치 지금까지 받은 수업 중에서 가장 중요한 수업의 기말시험을 치르듯이 말이다. 예민한 부모는 결정을 내리기 위해 객관적 사실과 주관적 느낌, 불확실성과 위험성을 모두 고려해야 한다고 생각한다. 이 모든 정보를 한꺼번에 처리하기는 어렵기 때문에 에너지를 충전할 시간이 필요하다. 그렇다면 의사 결정에 쏟는 에너지를 조금이나마 줄이는 방법은 없을지 살펴보자.

복잡한 육아 문제,
어떻게 결정해야 할까?

우리는 삶 속에서 크고 작은 결정을 수없이 내려야 한다. 예민한 사람은 먼저 충분히 생각하고 행동하는 경향이 있기 때문에 남들보다 더 많은 결정을 내려야 한다. 자신이 대체로 옳은 선택을 한다고 믿자. 또 최선의 결정을 내리기 위해 모든 정보를 확보하는 것이 때로는 불가능하다는 점을 받아들여야 한다. 실수를 범하더라도 부디 자신을 용서하자. 우리는 실수를 통해서 인생에서 가장 유용한 교훈을 얻기에 실수라고 생각했던 결정에도 예상하지 못한 이점이 있기 마련이다.

정보를 깊이 처리하는 성향 때문에 결정을 내리기 어렵고, 쉽게 지치고, 육아를 하며 느끼는 감정과 인생의 의미를 깊이 생각해봐야 한다고 해도, 그것이 예민한 사람에게 주어진 재능임을 기억하자. 정보를 깊이 처리하는 능력은 예민한 사람이 가진 모든 특성의 밑바탕을 이루며, 스스로를 경이로운 존재로 만들어준다.

예민한 부모가 선택을 해야 할 때

가끔씩 우리는 직감적으로 순식간에 결정을 내릴 때가 있다. 이때는 과거에 수집한 정보를 바탕으로 한 것이다. 하지만 이 직감을 신뢰할지 말지 고민하는 경우도 있다. 여기서는 예민한 부모가 결정을 내릴 때 도움이 될 만한 몇 가지 아이디어를 알려주고자 한다.

의사 결정을 내리기 전에 가져야 할 태도

- **불확실성을 받아들인다**

  결정을 내리기 어려운 문제에는 늘 불확실성이 따른다. 결과가 확실하다면 진작 결정을 내렸을 것이다. 민감한 사람의 특성상 실수를 피하고 싶겠지만, 결과를 정확히 예측할 방법은 없다. 불확실성을 받아들여야 한다.

- **잘못된 결정이 미치는 영향을 예상해본다**

  지금의 사소한 고민이 10년 후에도 중요한 문제일까? 유모차

브랜드가 과연 아이의 대학 진학에 영향을 미칠까? 수많은 배변 훈련 방법 중에서 무엇을 선택하든 아이가 고등학생이 되어서도 기저귀를 차는 일은 없을 것이다. 또 처음에는 실수라고 생각했던 선택이 나중에 가서 괜찮은 선택으로 뒤바뀌기도 한다.

- **실패에 대비한 출구 전략을 마련해둔다**

유모차는 반품할 수 있는가? 만약 처음 해본 수면 교육법이 실패했을 때 시도할 다른 방법이 있는가? 엄마들의 모임에서 일찍 빠져나올 수 있는 구실은 무엇이 있을까? 등등 다양한 상황의 출구 전략을 미리 생각해본다.

- **조언을 구할 때는 상대의 특성을 고려한다**

여러분이 내릴 결정과 아무런 이해관계가 없는 사람은 아주 작은 부분에만 초점을 두거나, 자신이라면 어떻게 행동할지 생각해보지 않고 의견을 강하게 피력할 수 있다. 만약 여러분이 확신이 있다면 꼭 상대방의 의견을 고려하거나 따라야 할 필요는 없다. 그들은 나중에 여러분이 그들의 견해를 그토록 심각하게 받아들였다는 사실을 알면 깜짝 놀랄 것이다. 다른 결정을 내렸을 때 언짢아할 수도 있는 사람으로부터 조언을 구할 때는 신중해야 한다. 가끔 결정을 서두르기를 재촉하며 자신의 의견을 강요하는 경우도 있다. 그럴 때는 고맙지만 조금 더 생각해보겠다고 이야기하는 것이 현명하다.

- **조언을 구하기에 적합한 사람에게 묻는다**

조언을 구할 때는 유모차, 학교, 치과 등을 이미 선택해본 사람을 찾는다. 그리고 무엇보다 여러분의 이야기를 귀 기울여 듣고 그 말을 곱씹으며 되짚어주는 사람과 이야기를 나누는 것이 좋다. 다시 한번 말하지만, 귀 기울여 듣지 않고 자기 의견을 강하게 피력하는 사람은 주의한다.

- **인터넷 정보를 활용한다**

인터넷의 정보를 활용하되, 출처가 신뢰할 만한지 판단하자. 인터넷은 수많은 정보를 찾아볼 수 있지만 정보의 진위여부가 불분명하기 때문이다. 계속해서 정보를 찾아보다가 피로함을 느낄 것 같다면 멈추는 것이 좋다.

- **상대를 원망하지 않는다**

민감한 사람은 자기 욕구를 희생하기로 혼자 결정해버리기도 한다. 공감 능력이 뛰어나기 때문에 벌어지는 일이다. 이때 자신이 그렇게 결정해놓고 상대가 마음대로 했을 때, 결국 상대를 원망하지 않도록 하자.

자잘한 결정을 빠르게 해야 할 때

- **마음을 가볍게 한다**

자잘한 결정을 내릴 때는 정보를 모조리 수집하거나 잘못 결정했을 때 죄책감을 느끼거나 하지 않아도 된다. 이 결정은 사소한 것임을 잊지 않는다.

- **자신감을 가지면 빠르게 결정할 수 있다**

육아가 처음이라면 모든 상황에서 올바른 선택을 하기가 어려울 것이다. 그리고 가끔은 잘못된 선택을 할 때도 있을 것이다. 하지만 예민한 부모는 실수의 결과를 더 깊이 받아들이기 때문에 다른 부모보다 분명 더 많은 것을 배울 것이다. 그리고 대부분 현명하게 결정할 때가 많다.

- **상황에 떠밀리지 말고 조용한 장소에서 빠르게 결정한다**

무언가를 살지 말지 결정할 때, 나는 흔히 가게 밖으로 나오거나 집으로 돌아와서 결정한다. 판매원들이 지금 같은 기회가 없다고 말하는 것은 소비자가 시간을 두고 다시 생각해보기를 원치 않기 때문이다. 우리가 문 쪽으로 다가가면 다가갈수록 판매원은 더 나은 조건을 제시할 것이다. 하지만 늘 다음 열차가 있다는 것을 기억하자.

- **과거의 선택 경험을 활용한다**

과거에 비슷한 물건을 구매해본 경험이 있다면 결정을 내리기 수월할 것이다. 이럴 때는 경험을 통해 쌓아온 직감을 발휘하는 것도 좋은 방법이다.

큰 결정을 앞두고 잠 못 들고 있을 때

- **내 결정에 자신감을 갖는다**

예민한 부모에게 결정 장애가 있는 것은 아니다. 나는 그들이 대체로 옳거나 자신에게 잘 맞는 결정을 내린다고 믿는다. 실수를 저질렀다면, 다음에는 더 오랜 시간을 들여 결정할지언정 같은 실수를 반복하지는 않으리라고 본다. 또 큰 결정을 내릴 때는 시간을 들이는 만큼 좋은 결정을 내린다.

- **수집한 정보의 신뢰도를 체크한다**

정보 제공자가 내가 어떤 방향으로 결론을 내리기를 바라고 있지는 않은가? 다른 곳으로 이사하고자 할 때는 이해관계가 개입될 수 있는 해당 지역의 상공 회의소를 둘러보는 것보다 일일 평균 기온에 관심을 갖는 게 도움이 될 것이다. 또 유사한 결정을 내린 경험이 있는 사람에게 정보를 얻으면 좋다. 조언을 구하기 전에 그 사람의 지식과 견해의 폭, 그리고 동기를 심사숙고해야 한다.

• 목록을 만들어 전체를 본다

남편과 나는 한때 미국을 가로질러 이사를 할 것인가를 두고 고심했다. 고려해야 할 요인이 무척 많았고 불확실성도 컸다. 우리가 수집한 정보에 따라 마음이 소용돌이쳤다. 그래서 우리는 한 가지 요소에 사로잡혀 다른 요소들을 잊어버리는 상황을 방지하기 위해서, 고려해야 할 모든 요소를 목록으로 만들었다. 정서적 요인과 경제적 요인, 경력에 미치는 영향, 지역 공동체의 특성, 날씨, 지역에 대한 선호도, 새로 친구를 사귀어야 하는 문제 등을 모두 적었다. 그러고 나니 한 가지 요소에 따라 갈팡질팡하지 않고 모든 요인을 전체적으로 파악할 수 있었다.

• 목록에 점수를 매긴다

목록 만들기에서 힌트를 얻은 우리는 목록을 스프레드시트로 만들었다. 스프레드시트에 담긴 정보는 우리가 각 요인에 대해서 느낀 바를 평가한 것이었다. 우리는 우리가 느낄 감정의 강도를 상상해보고 숫자로 기입했다. 다시 말해서 요소 별로 그 요소가 더 나아지면 얼마나 좋을지, 악화되면 얼마나 나쁠지, 우리가 살던 지역에서 우리가 싫어했던 것을 떠나보내면 얼마나 기쁠지, 우리가 살던 지역에서 누리던 것을 잃으면 얼마나 아쉬울지 등을 숫자로 표시했다. 그러고 나서 그 가능성을 추산했다. 예를 들어 우리가 해당 지역의 문화를 싫어할 가능성은 10점 중 1점, 우리가 살던 동네를 떠나면 슬플 가능성은 10점 중 9점 등으로 말이다. 또한 생활 수준의 변화, 부동산의 상대 가격, 세금의 변화 같은 것도 포함시켰다. 이 모든 요소를 스프레드시트에 표기했기 때문에 총합이나 평균값을 구할 수 있었고, 감정이나 정보의 변화에 따라 가중치를 바꾸는 즉시 새로운 결과를 확인할 수 있었다. 이렇게 해보니 실제로 놀라운 결과가 나왔다. 우리는 최종적으로 이사하지 않기로 결정했고, 이 결정을 한 번도 후회한 적이 없다. 이렇게 하더라도 몇 가지 요소는 기대한 것과 다른 결과가 나타나기도 하지만, 당시에 그렇게 결정한 이유가 명확하기 때문에 자책할 가능성이 줄어든다.

- **이미 마음을 정한 듯이 행동해본다**

일 분, 한 시간, 하루, 일주일 등으로 기간을 정해놓고 이미 결정한 듯이 행동을 해본다. 종종 결정을 내리면 사물이 달라 보이고, 이미 그곳에 있는 것처럼 생생하게 느껴볼 수 있다.

- **시간을 두고 여유 있게 결정한다**

내 경험상 의사 결정을 내리기 가장 곤란한 경우는 시간의 압박 속에서 돌이킬 수 없는 문제를 결정해야 할 때였다. 며칠 안에 인생을 뒤바꿀지 모를 결정을 내려야 한다면 누구든 고뇌에 빠져들 것이다. 따라서 삶에서 결정을 내려야 할 시점이 이르기 한참 전부터 충분히 시간을 두고 준비해야 한다. 온종일 그 고민에 빠져있지 않도록 결정에 들일 시간을 따로 떼어놓는다. 평생을 가도 결정할 수 없을 것이라며 걱정할 필요는 없다. 대개는 어느 날 갑자기 어떻게 해야 할지 깨닫기 때문이다.

- **결정을 내렸다면 자기 결정을 신뢰하도록 노력한다**

결정을 내려놓고서 자꾸만 마음이 흔들릴 때가 있다. 스스로 최선을 다했음을 기억하자. 결정을 내린 후에도 계속해서 심란해하고 싶은가? 또 결정을 내리지 않고 계속 미루는 것은 어떤 의미에서는 이미 결정을 내린 셈이다.

믿을 만한 정보를 수집하는 요령

어떤 주제의 과학적인 자료를 찾고자 한다면, 구글의 메인 검색창보다는 학술 검색창(scholar.google.com)이 유용하다. 구글 학술 검색은 명확한 정보를 선호하는 사람에게 훌륭한 정보의 보고이다.

구글 학술 검색에서 찾은 자료의 우측을 보면 논문 전체를 열람할 수 있는 링크가 나와 있다. 만약 논문의 초록만 제공된다면, 대학 도서관을 열람할 권한이 없는 한 비용을 지불해야 논문 전체를 볼 수 있다. 하지만 초록만 읽어도 충분한 경우가 많다. 해당 논문을 인용한 사람을 클릭하면 같은 주제의 실타래를 따라갈 수 있다. 예를 들어 자녀의 텔레비전 시청 시간을 결정하고 싶다면 '텔레비전이 아동에게 미치는 영향에 대한 연구'를 찾아볼 수 있다. 연구 자료가 다 살펴보지도 못할 만큼 너무 많을지도 모른다. 그럴 때는 화면 좌측에 있는 선택란에서 최신 연도순으로 검색하거나 혹은 '리뷰'나 '메타 분석'이라는 단어를 함께 쳐서 연구 결과를 요약한 논문을 찾아보는 것도 좋다.

때로 아이에게 있을지 모르는 장애나 건강 및 행동상의 변화와 관련해서 정보를 찾고 싶을 수 있다. 그럴 때 나는 구글 학술 검색에서 증상의 학명과 인근의 유명 의과 대학원의 이름을 검색해서 우리 지역 최고의 의학 전문가들을 찾곤 한다. 논문을 써낸 저자들은 그 증상의 최신 정보에 밝기 때문에, 지역에서 누가 그 분야의 최고 권위자인지 알아낼 수 있다.

자신의 결정을 믿어보자

나는 예민한 부모들이 대체로 육아에서 중요하지만 까다로운 결정을 남들보다 더 잘 내린다고 확신한다. 하지만 여전히 자신의 결정에 확신이 없어서 망설이거나 주위 사람들이 동의하지 않을까 봐 두려운 사람이 있을 것이다.

의식적으로 결정을 했든 아니면 자연스럽게 그렇게 되었든 예민한 부모는 자기 가치관에 따라 용기 있게 인생을 살아갈 힘이 있다. 시간이 지나면 주위 사람들도 그 가치를 깨닫고 혜택을 입을 수 있다. 아이가 자랄수록 얼마만큼 집안일을 시킬지, 용돈은 얼마나 줄지, TV는 얼마나 보여줄지, 소셜 미디어는 어디까지 허용할지 등의 사소한 문제부터 술, 성관계 등과 같이 민감한 부분은 어떻게 다루게 할지 등을 결정하기가 쉽지 않을 것이다. 이때는 충분한 시간을 들여 숙고하면서 이 결정이 가족 한 사람 한 사람에게 어떤 영향을 미칠지 생각해본다. 그리고 때가 되면 용기 있게 자기 생각을 표현하고, 새롭게 알게 된 것이 있으면 유연하게 생각을 바꿀 줄도 알아야 한다.

하지만 여기서 민감한 부모가 고려해야 할 중요한 사항이 더 있다. 이 결정이 장기적으로 자신에게는 어떤 영향을 미칠지 큰 그림을 그려보자. 이런 결정 앞에서 여러분의 마음은 어떤 대답을 내놓을지 질문을 던져보자. 나 같은 경우는 그런 과정에서 놀라운 답을 얻곤 했다. 이외에도 자신이 소통하는 자기 안의 다른 나에게 물어보고 각자가 추구하는 영적인 길 위에서 이 물음에 대한 답을 찾아보자.[4] 조앤 보리센코Joan Borysenko와 고든 드베이린Gordon Dveirin은 『영혼의 나침반Your Soul's Compass』에서 신부, 랍비, 수피, 기독교 신비주의자, 현자, 구루를 모두 인터뷰한 결과, 이들은 공통적으로 영적인 안내를 따르는 것이 대개 자연스럽고 효율적이며, 쉽고 평화롭고 은혜롭다고 말했다. 어쩌면 복잡한 결정의 순간에 참고할 만한 가장 따뜻하고 분명한 기준이 될 것이다.

둘째를 낳느냐 마느냐 고민하고 있다면

대다수 예민한 부모는 아이를 기르면서 인생 최고의 순간과 최악의 순간을 모두 경험한다. 둘째를 갖기로 결정한 부모가 있는가 하면 계속 긴가민가하는 부모도 있을 것이다. 남편과 나는 첫째를 기른 경험이 매우 강렬했기 때문에 둘째 계획을 미루었다. 시간이 흘러 우리가 둘째를 가지려고 시도하지 않는 것을 보며 이미 결정을 내렸음을 깨달았다.

둘째에 압박을 상당히 많이 받는 부모도 있다. 아이에게 형제가 없다는 것 때문에 죄책감을 느낄 수 있고, 외동이라서 아이가 이기적으로 자랄까 봐 두려운 생각이 들 수도 있다. 부모 자신은 형제자매가 있어서 좋았다면 죄책감이 더 크게 다가올 것이다. 더러는 조부모가 손주 욕심에 강요하기도 한다.

예민한 부모는 첫째를 기르며 배운 지식을 활용하고 싶어서 둘째를 낳을까 고민하기도 한다. 첫째 때는 서투르고 버거워서 제대로 느끼지 못한 육아의 기쁨을 한 번 더 만끽하고 싶다거나, 단순히 한 번 더 아기를 기르고 싶을 수도 있다. 때로는 자신과 배우자의 조합에서 또 어떤 아이가 나올지 보고 싶을 수도 있다. 하지만 예민한 부모는 나이가 들면서 다른 부모들보다 에너지가 부족한 경우가 많다. 따라서 둘째를 낳는 것이 자신에게 좋을지 숙고해봐야 한다. 다음은 예민한 부모 세 사람이 둘째를 고민하던 시기를 돌아보며 나눈 이야기이다.

— 첫째가 아기였을 때, 저는 제 자신이 예민한 사람이라는 것을 전혀 알지 못한 채, 때 이르게 둘째를 낳으라는 압박을 받았던 것 같아요. 그런데 둘째 딸은 모두에게 정말 크나큰 기쁨을 주었어요. 저는 모두가 첫째 아이나 저처럼 예민한 것은 아니라는 사실을 깨달았죠. 하지만 이제는 가족 중에 예민한 사람이 둘이나 있다는 것을 알기 때문에, 셋째 아이를 낳는 것은 제 능력 밖임을 깨닫게 됐죠.

— 제 주변에 내향적인 친구들은 대부분 아이가 없거나 하나예요. 이 친구들은 본능적으로 자신의 한계를 알고 아이 낳기를 멈춘 거죠. 반면 저는 위험 신호를 무시하고 내달렸어요. 저처럼 예

민한 사람은 자신을 위해 더 많은 시간을 내야 한다는 걸 간과한 거예요. 저는 음악을 들으면서 몽상에 젖는 생활은 인간이라면 누구나 마땅히 누려야 할 기본적인 권리라고 생각했어요. 그리고 아이들은 어른들이 일하는 동안 자기들끼리 놀 거라고 착각했죠.

—— 저는 제가 여러 사람을 상대하면 과부하가 걸린다는 걸 잘 알기 때문에 아이는 하나만 낳겠다는 생각이 확고했어요. 이런 확신은 아이가 더 많은 친구들과 어울리기를 원하거나 외로워 보일 때면 흔들리긴 했지만 곧 현실 감각을 되찾곤 했어요.

예민한 부모가
육아라는 소명을 만났을 때

예민한 부모 중에는 육아를 자기 소명으로 받아들인 사람이 많을 것이다. 육아는 힘들고 단조로운 일이 뒤따르고 많은 스트레스를 주기도 한다. 하지만 아이와 함께 시간을 보내며 아이가 자신의 참 모습을 찾아가도록 돕는 것은 세상에서 가장 보람된 일이다. 육아를 소명으로 받아들인 부모에게는 매일 반복되는 일상도 도전이자 기회가 된다.

육아는 그저 '아이를 낳는 것'이 아니라 인류에게 주어진 가장 근본적인 과업이다. 하지만 육아는 늘 하나의 직업이나 소명으로 존중받지는 못한다. 이 문제를 해결하는 방법 중 하나는 부모로서의 소명을 받아들인 사람들끼리 만나 서로를 인정해 주는 것이다. 또 유아 교육을 전공해 관심을 발전시킬 수도 있다. 시인이나 예술가, 음악가처럼 평범하지 않은 길을 택한 사람들 역시 인정받지 못하면 무시당한다는 것을 기억하자. 주변에서 인정을 받든 받지 못하든 자기 길을 가야 한다.

한편, 일부 예민한 부모는 육아가 확실히 자기 소명이 아니라는 것을 깨닫고 힘든 기로 앞에 놓여 있을 수도 있다. 여러분이 그런 경우라면 아이를 갖고 퇴직한 것을 후회할지도 모른다. 배리 예이거Barrie Jaeger가 쓴 『민감한 사람이 일을 즐기는 법 Making Work Work for Highly Sensitive Person』에서 가장 흥미로운 내용 중 하나는 단순노동과 기술직, 소명을 비교한 대목이다.[5] 단순노동은 민감한 사람들이 특히 질색하는 일이다. 몇몇 사람들은 돈벌이가 되고 가족을 부양할 수만 있다면, 반복 노동으로 시간이 더디 간다고 해도 괘념치 않는다. 하지만 일 자체에서 의미를 찾기 어려운 단순노동은 민감한 사람에게는 치명적이다. 기술직은 그 안에 도전과 성장과 재미 요소를 찾을 수 있기에 몰두할 수 있는 일이다. 하지만 기술을 다 익히고 나면 그 일은 단순노동으로 전락한다.

한편 소명은 자기가 태어난 이유가 바로 이것이라는 생각을 불러일으킨다. 사람들은 소명을 이루기 위해서라면 어느 정도 단순노동을 해야 한다고 해도 괘념치 않는다. 소명은 일을 마치 영혼의 동반자처럼 로맨틱하게 바라보는 시선이고, 민감한 사람에게는 그런 경향이 있다. 물론 살면서 배우자가 바뀔 수 있는 것처럼 소명도 바뀔 수 있다.

소명이 아닌 다른 일을 해야 할 때, 우리는 자신을 잃어버린 것 같은 느낌을 받는다. 소명으로 되돌아갈 수 있다는 것을 알면 도움이 되지만, 너무 먼 미래처럼 느껴지면 우리는 균형감을 잃는다. 또 지금 하고 있는 일이 자신의 소명이 아니라면, 자신이 무언가 의미 있는 일을 하는 참된 인간이라는 느낌을 갖기가 어렵다. 당연하게도 육아는 모든 사람의 소명이 될 수 없다. 다음은 예민한 부모들이 일과 소명을 주제로 나눈 이야기들이다.

— 제가 집 밖으로 나가서 일을 하면 상황이 나아질까 아니면 오히려 더 복잡해질까 궁금할 때가 많아요. 하지만 의미 있는 일을 하고 싶은 마음은 간절해요. 지금은 집에서 주로 제 홈페이지에 올릴 글을 쓰면서 프리랜서로 일을 조금 하고 있어요. 하지만 글을 쓸 시간도 공간도 거의 없는 게 현실이죠. 제 인생이 제 것이 아닌 것처럼 느껴질 때가 많아요. 마치 다른 사람의 행복과 안위를 위해 살고 있는 것 같은 느낌이에요.

— 저는 집에서 아이를 돌보며 끊임없이 정서적으로 소모되는 것보다는 일을 하는 게 편해요. 하지만 일을 마치고 집에 돌아오면 힘들죠. 아이들이 없을 때는 늘 열심히 일하고 열심히 놀아도 회복할 시간이 충분했어요.

— 저는 제 일터와 직장 동료들을 정말 좋아했어요. 직업이 제게 잘 맞았고 매주 반일은 재택근무가 가능했어요. 가족들이 도와준 덕분에 아이를 일주일에 이틀만 가정 어린이집에 보내도 됐죠. 그래도 아침마다 아이를 어린이집에 보내는 게 결코 쉽지는 않았어요. 제가 가장 중요하게 생각한 일, 바로 제 아이를 돌보는 일을 하지 못하게 됐다는 거예요. 결국 저는 죄책감에 휩싸였어요. 속상해하는 아이를 놓고 출근하기가 정말 힘들었죠. 저는 우울하고 복잡한 심정으로 직장에 도착했어요. 남편은 제가 아이를 돌보고 가르치는 가치가 저희 가정의 수입보다 더 중요하다고 얘기해주었고, 저는 정말 기뻤어요. 그것만으로도 큰 발전이었죠. 남편은 원래 홈스쿨링을 한사코 반대했거든요. 이제 저는 집에서 일을 하면서 아이 교육과 가정생활을 병행하고 있어요.

육아를 소명으로 받아들일 수 없다면

- **취미나 자기계발을 위한 일을 찾는다**

시간을 내서 매일 소명과 관련된 일을 조금이라도 하는 것이 좋다. 예를 들어 지하실에 가서 음악을 연주하고 녹음하거나, 자기 분야의 학술지를 읽거나, 실용적이든 아니든 유기농 정원을 가꾸는 등의 활동을 해본다.

- **단순히 다시 일을 시작한다**

돈을 벌기 위해서가 아니라 소명을 되찾기 위해서 일을 시작하는 것도 도움이 된다. 나는 예민한 부모라면 그러면서도 아이를 세심하게 살피리라고 믿는다. 물론 그 필요를 채워줄 사람이 반드시 부모일 필요는 없다. 부디 죄책감을 갖지 않길 바란다. 삶의 의미를 찾는 것은 인간의 고유한 욕구이다. 민감한 사람은 특히나 이런 경향이 강해서 인생의 목적과 의미를 찾기 위해서라면 길을 약간 돌아가도 괘념치 않고 때로는 아이를 기르고 싶은 욕구까지 희생하기도 한다.

- **옛 직장 동료와 연락하며 지낸다**

동료들을 통해 자기 분야의 소식을 업데이트 해보자. 지속적으로 주요 인사들의 이름을 알아두거나 소셜 미디어를 통해 연락한다. 또는 복직 후에 필요한 기술을 유지하고 새로운 기술을 배워둔다.

- **미래에 자기 일을 찾기 위한 창의적인 아이디어를 떠올려본다**

사람들의 니즈가 충족되지 않고 있는 분야는 없는가? 개를 산책시키는 일을 직업으로 삼은 사람도 있다. 육아가 소명이 아니라고 해도 그 경험 안에서 사업의 아이디어를 얻기도 한다. 여러분도 무언가를 생각해낼 수 있을 것이다.

- **아이가 언젠가는 성인이 된다는 사실을 염두에 둔다**

아이들은 곧 자기만의 인생을 찾아갈 것이다. 다만 아이가 중학생이 되기 전까지 부모는 확보한 휴식 시간을 균형 있게 사용하도록 주의를 기울여야 한다. 이 시기에는 아마 대부분의 여가를 소명을 위해서가 아니라 휴식을 취하기 위해 사용해야 할 것이다.

5장

남들보다
더 크게 느끼는
육아의 기쁨과 슬픔

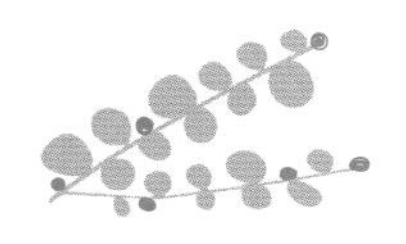

아이의 발달 단계에 따라 변하는 부모의 감정

남들보다 정서 반응이 크고 공감을 잘하는 특성은 장점이 많다. 아이의 감정에 쉽게 동조하고 가족들에게 공감하며, 직감이 뛰어나기 때문이다. 게다가 긍정적인 감정도 강하게 느끼기에 앞서 언급했듯 대다수 예민한 부모가 아이를 기르면서 기쁨을 더 크게 누린다. 하지만 그 대가도 만만치 않다. 예민한 부모는 아이의 감정을 필요 이상으로 공감할 때가 많다.

— 솟구치는 감정 때문에 육아가 더 힘들었어요. 아이가 보내는 미묘한 신호를 더 많이 알아차릴수록 더 많은 가능성이 머릿속에 떠올랐고 그러면 지나치게 예민해지면서 감정이 북받쳤죠.

감정은 그 감정을 유발하는 특정 상황이나 시기와 연관 지어 봐야 한다. 아이의 각 발달 단계마다 부모는 갖가지 감정을 경험한다. 이 낯선 감정들을 조절하는 방법을 다루기 전에 아이를 기르는 동안 마음속에 어떤 감정이 일어날지 시기별로 살펴보자. 이미 그 단계를 지나온 사람이라면 그때를 되돌아보며 감정을 추스르는 기회가 될 수 있을 것이다.

영아기: 출산 후 첫 육아의 어려움

출산 초기 부모는 그 어느 때보다 감정적인 상태에 빠지기도 한다. 흔히들 잘 모르고 지나치지만, 몇몇 예민한 사람은 긍정적이든 부정적이든 이 시기에 경험한 감정이 너무 강렬한 나머지 트라우마로 남기도 한다.

트라우마는 몸의 일부가 잘려나가거나 심하게 베였을 때처럼 신체의 온전한 상태나 경계가 심하게 훼손되는 경험을 말한다. 심리적 트라우마는 정서적으로 상처를 입거나 부서지는 경험이다. 지나치게 감정에 압도되고 휩싸였는데 일반적인 방법으로는 대처가 불가능할 때 이 경험은 트라우마로 남는다. 이때 사람들은 흔히 감정을 자기로부터 분리하는 경향이 있다. 즉 감정을 느끼기를 멈춘다. 혹은 감정을 느끼면서도 감정과 감정의 원인을 분리해서, 막연하게 불안하다거나 원인 불명의 스트레스를 받기도 한다. 그래서 감정이 일어나는 무대인 신체 감각에 이상이 생기기도 한다. 트라우마에 빠진 사람은 자신에게 일어난 일을 말로 표현하지 못할 때가 많고, 때로는 트라우마에 관한 언어 기억이 없는 경우도 있다. 출산은 아내와 남편 모두에게 트라우마가 될 수 있다.

— 아이를 출산하면서 커다란 기쁨과 영적 깨달음을 얻었지만, 그 후 제 인생에서 가장 힘들고 어두운 시기가 찾아왔어요. 잠이 너무 부족해서 큼지막한 거미가 천장에서 제 몸 위로 떨어지는 환영까지 보일 정도였으니까요.

때로는 아이가 몇 시간씩 울면 예민한 부모는 온갖 감정의 격랑 속에서도 자신의 강점을 발휘하면서 아기를 돌본다. 동시에 과도한 자극과 수면 부족으로 정신을 놓지 않도록 애쓴다. 어느 예민한 아빠의 이야기를 들어보자.

— 아기가 울 때 아내와 제게 나타나는 반응이 서로 달라서 재미있어요. 아기가 울면 아내는 젖이 돌아요. 저는 비상 모드에 돌입하죠. 스트레스가 치솟고 맥박과 혈압이 오르고 긴장이 되면서 어떻게 아기를 달랠 수 있을까 하는 생각으로 머릿속이 가득 차요. 다른 일에는 도무지 집중할 수가 없죠. 그래서 아내가 아기

를 돌볼 때는 곁에 있기가 어려워요. 아이의 울음을 무시하고 다른 활동에 집중할 수가 없거든요. 저는 아기 울음소리를 무시하려고 애쓰는 쪽이 아기를 달래려고 애쓰는 것보다 훨씬 힘들어요.

유아기: 아이의 떼와 고집 다루기

아이가 걸음마를 시작하는 순간부터 부모는 정서적으로 새로운 상황을 마주한다. 유아는 같이 있으면 정말 즐겁지만 동시에 너무나 버겁기도 하다. 유아는 자신의 욕구를 강하게 요구한다. 유아의 요구 사항은 "내가 할래."가 될 수도 있고 혹은 "이거 아니면 안 먹을래."가 될 수도 있다.

— 저는 늘 아이들과 함께하면서 저 자신을 내어주고, 내어주고, 또 내어줬어요. 그러다 한계에 이르면 작은 일에도 이성을 잃고 세상에서 가장 못된 엄마처럼 굴곤 했죠. 고집불통 두 돌배기 아이가 유아용 쇼핑 카트를 넘어뜨렸다고 벼락같이 소리를 질렀을 때처럼요.

어린아이는 논리적으로 설득할 수가 없기 때문에 아이가 떼를 쓰면 예민한 부모는 자극에 압도당하기 쉽다. 특히 공공장소에서 아이가 떼를 쓰기 시작하면 부모는 크게 당황하고 주위 사람들에게 폐를 끼칠까 봐 걱정한다. 그러면서 동시에 아이를 휩쓸고 있는 폭풍과도 같은 감정을 어서 잠재우려고 최대한 빠르게 머리를 굴린다. 이들은 아이가 어떤 요구를 할지 금세 알아차리고는 아이를 유혹할 만한 대상을 시야에서 치우거나 아이의 주의를 다른 곳으로 돌린다.

—— 아이가 떼쓸 때, 저는 기대만큼 인내심을 발휘할 수가 없었어요. 하지만 주위 사람들이 차분하다고 저를 칭찬하는 걸 보면 제가 자신에게 너무 엄격한가 싶기도 해요. 아이들이 성질을 내면 일단은 흔들리지 않으려고 애를 써요. 저는 꽤 오랫동안 참을 수 있지만, 결국에는 폭발해서 소리를 질러요.

—— 얼마 전 육아 잡지에서 훌륭한 해결책을 찾았어요. 쇼핑몰에서 떼쓰는 아이를 무시하는 방법이었죠. 저는 그 방법을 참고했어요. 아들이 바닥에 드러누워 울고불고 소리쳐도 그냥 내버려두고 못 본 척 가던 길을 갔죠. 아이를 향해서 차분하게 "엄마는 이제 간다." 하고 걷기 시작했어요. 그러자 아이는 결국 마음을 추스르고 저를 따라왔어요.

유아기에는 육아를 즐길 만한 이유가 무척이나 많다. 아이들은 말하는 법을 배우기 시작할 때 순진하고 흥미로운 질문을 던지곤 하는데, 예민한 부모라면 이런 질문에 창의적인 답을 해줄 수 있을 것이다.

학령기: 아이와 올바른 소통하기

아이가 학령기에 이르면 아이와 더 깊이 있는 대화를 나눌 수 있다. 또 아이가 인생의 중요한 관문을 통과한다는 기쁨과 더불어 부모 자신의 학창 시절이 떠오를 수도 있다. 학창 시절의 기억은 유쾌한 감정뿐만 아니라 불쾌한 감정도 불러올 수 있다. 부모는 자신이 혹시 아이의 감정을 잘못 넘겨짚고 있지는 않은지 늘 주의를 기울여야 한다. 대다수 부모는 아이가 과거에 자신이 처했던 상황에서 똑같은 감정을 느끼리라 생각하지만 실제로 그런 경우는 드물다.

— 저는 어린 시절에 친구가 별로 없어서 학교생활이 정말 힘들었어요. 아들이 4학년이 되었을 때 저희는 다른 지역으로 이사를 갔고, 아이는 친구를 쉽게 사귀지 못했어요. 저는 아들에게 슬플 수 있고 자괴감을 느낄 수도 있다고 말했어요. 하지만 아이는 그런 건 전혀 느끼지 않는다고 대답했죠. 아들은 다른 애들이 뭘 몰라서 그런 거고, 걔들이 자길 좋아하든 좋아하지 않든

상관없다고 말했어요. 아들이 지극히 건강해 보이는 반응을 보여서 놀라울 따름이었고, 제가 아들에게 제 감정을 얼마나 많이 투사했는지도 알게 되었죠.

청소년기: 아이를 독립시키기까지

아이가 청소년기에 이르면 부모는 감정이 롤러코스터를 탄 듯 급변하는 경험을 하게 될지 모른다. 예민한 부모는 차츰 자기만의 세계를 만들어가는 아이의 내면을 세심히 이해하고자 노력한다. 10대 자녀와 좋은 관계를 유지하기 위해서 새로운 기술을 습득할 것이고, 예민하지 않은 부모에 비해서 아이와 관계가 좋을 가능성이 크다. 그렇지만 10대 자녀로부터 엄마는 멋지지 않고 재미가 없다거나, 아빠와 같이 있는 모습을 친구들에게 보이고 싶지 않다는 말을 듣는다면 가슴이 무척 아플 것이다.

부모는 친절하고 사려 깊은 방식으로 자기 태도를 고수해야 하는데, 이는 부모가 정서 반응이 강하고 아이에게 깊이 공감할 때는 쉽지 않다. 예민한 사람과 함께 사는 가족들은 얼마만큼 난리 법석을 떨어야 자기 마음대로 할 수 있는지를 무의식적으로 학습하곤 한다. 소리 지르기, 문을 거세게 닫기, 위협하기, 인신공격하기, 창피 주기, 교묘한 주장을 펼치기 외에도 자기 마음대로 하기 위해 동원할 수 있는 모든 무기를 사용한다.

부모의 불안정한 감정 상태의 이면에는 바로 아이가 독립할 때가 얼마 남지 않았다는 생각이 있다. 특히 예민한 부모는 아이가 집을 떠나면 자기 삶이 얼마나 달라질지 잘 알고 있다. 조직 심리학자 해리 레빈슨Harry Levinson의 말을 인용하자면, 모든 변화는 상실이며, 모든 상실은 애도해야만 한다.[1] 나는 아들이 대학생이 되어 집을 떠나던 날을 생생하게 기억한다.

— 남편은 아들을 공항에 데려다주러 갔고 나는 집에 홀로 남았다. 마음이 너무 아팠다. 어쩌면 혼자 남겨지고 버림받는 듯한 이 느낌은 아들이 대학생이 되어 집을 떠나는 것의 참된 의미를 내가 이해했기 때문이기도 했다. 이런 감정을 극복하기까지는 정말 오랜 시간이 걸렸고, 나는 우리 문화가 이런 강렬한 상실의 감정을 부인하는 경향이 있다는 책을 써야겠다는 생각까지 했다. 하지만 그것은 내가 민감성을 확실히 이해하기 전의 일이었다. 그 책은 나처럼 예민한 부모에게만 필요할 것이었다.

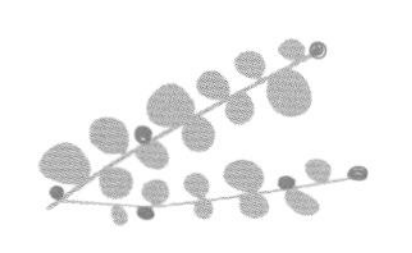

부정적인 감정,
어떻게 조절할까?

예민한 부모는 육아를 할 때 누구보다 감정 조절의 대가가 되어야 한다. 정보를 깊이 처리하는 특유의 능력 덕분에 순간의 감정에 치우치지 않는다면 어떤 일이든 남들보다 더 잘할 수 있을 것이다.

감정 조절은 심리학 전문 용어로, 감정의 흐름을 자연스럽게 바꾸기 위해서 사용하는 모든 방법을 말한다. 인간의 뇌는 감정 조절에 꽤 능숙하게 만들어져 있고 민감한 사람의 뇌는 더 그렇기 때문에, 사람들과 어울려 사는 동안 감정 조절에 대해 이미 꽤 많은 지식을 쌓았을 것이다.

부모가 먼저 감정 조절을 잘해야 하는 가장 큰 이유는 아이가 그 영향을 가장 크게 받기 때문이다. 부모가 자기 감정을 주체하지 못하는 모습을 자주 보이면 아이는 부모를 보고 배운다. 그러면 부모는 남은 평생 호들갑스럽고 감정이 격한 아이를 상대해야 할지 모른다. 이미 감정이 격한 아이를 기르고 있다면, 부모와 아이 모두를 위해서 감정 조절 능력을 키워야 한다.

아기는 감정 조절을 전적으로 부모에게 의존한다. 아기가 느끼는 고통과 기쁨, 만족감 등을 조절할 수 있는 사람은 오직 양육자뿐이다. 아기에게는 이런 감정을 통제할 힘이 없다. 유아도 마찬가지다. 자기가 꼭 필요하다고 생각하는 물건을 손에 넣지 못했을 때의 분노, 혹은 어떤 사람이나 물건이 눈앞에 없다고 해서 완전히 사라진 줄 알고 느끼는 두려움을 조절하기 위해 부모의 도움을 받아야 한다.

아동은 부모의 감정 조절 방식을 모방하면서 부모의 방식에 반기를 들기도 한다. 또 자기 감정을 제어하지 않고 강하게 표현하기도 한다. 명심할 것은 아이가 감정 조절을 못한다고 해서 반드시 부모의 잘못은 아니라는 점이다. 부모들은 가끔 아이들이 타고난 기질을 간과하고는 아이가 하는 모든 행동의 원인을 자신에게서 찾으려고 할 때가 있다. 예민한 부모는 그런 생각을 더 많이 하는 편이다. 하지만 아이들도 저마다의 기질을 타고난다. 그러니 아이가 감정 조절을 잘하든 못하든 모든 것을 전적으로 부모인 자신의 책임으로 보지 않아야 한다.

자신의 감정을 억압하거나 강요하지 말 것

아이들은 자라면서 어떤 감정을 느낄 때 행복한지, 웃고 나누는 삶을 확대하고 지속하려면 어떻게 해야 하는지, 그리고 기분 나쁜 감정을 멈추는 방법은 무엇인지를 배운다. 부모는 이처럼 아이 내면에 존재하는 다채로운 감정을 근본적으로 없애려고 들어서는 안 된다.

민감한 사람은 여러 감정을 강하게 경험하지만, 일부는 꽤 일찍부터 강렬한 감정을 숨기는 기술을 익힌다. 특히 자기 감정을 드러내면 안 된다고 믿는 문화권에서 살아가는 민감한 남성이라면 더욱 그럴 가능성이 크다. 강렬한 감정에 휩싸이면 안 된다거나, 특정 감정은 허용해서는 안 된다고 믿는 가족이나 사회도 있다.

자신이 자란 가정이나 주변 이웃을 떠올려보면, 집집마다 어떤 감정은 장려하는 반면 어떤 감정은 억압한다는 점을 알 수 있다. 예를 들어 어떤 가정에서는 화를 내는 것은 괜찮지만, 슬픔을 표현하는 것은 적절치 않다고 본다. 또 어떤 가정에서 두려움이 일반적인 반면, 기쁨은 그렇지 않을 수도 있다. 부모는 어린 시절 자기 집에서 수용되지 않던 감정이 무엇인지를 생각해보면 좋다. 그런 감정은 억압하는 것 말고는 별달리 뾰족한 수가 없었을 것이다.

자기 감정을 더욱 잘 인식하고 표현하는 것이 감정을 조절하기 위한 한 가지 방편임을 기억하자. 모든 감정을 느끼도록 허용하는 집안 분위기를 조성하는 것이 아이에게나 부모에게나 좋다. 감정은 우리 내면과 외부 환경에서 어떤 일이 일어나고 있는지를 알려주는 메시지이다. 감정은 우리가 무엇을 원하는지 알려주고, 때로는 다른 사람이 원하는 것도 알려준다. 감정을 억압하면 이처럼 중요한 정보를 잃을 뿐 아니라 그동안 억압했던 감정이 신체적으로 나타나면서 만성 질병에 걸릴 위험이 있다.

물론 감정적으로 격하게 반응하면 안 되는 상황도 있다. 그래서 우리는 감정의 표현과 억제 사이에서 적절한 균형을 찾아야 한다. 일단 자기 감정을 인식하면 그 감정을 어디에서, 어떻게, 얼마나 오랫동안 느낄지를 어느 정도는 조절할 수 있다. 예를 들어 목표를 달성하기 위해 우리가 느끼는 감정을 바꾸려 하거나, 감정 조절 습관을 통해 자신이 지향하는 성격으로 발전시킬 수도 있다. 예민한 부모일수록 자신의 정서 반응을 가다듬으려는 경향이 강하기에 감정 조절에 더 능숙할 것이다. 주위 사람들은 이들을 보고 정말 차분하다거나, 진짜 웃기다거나, 참 따뜻한 사람이라고 말할 수도 있다. 평생 그런 모습으로 살아왔을지도 모르겠지만, 어쩌면 인격을 자신이 선택한 방향으로 가다듬는 데 성공했기 때문일 것이다.

부정적인 감정을 조절하는 법

남들보다 조금 예민한 사람이 부정적인 감정에 어떻게 대처하는지를 살펴본 심리학 연구가 있다. 이미 밝혀진 바와 같이 예민한 사람은 부정적인 감정, 즉 우울, 불안, 극심한 스트레스를 남들보다 더 많이 인식하고 경험했다.[2]

연구 결과에 따르면 예민한 사람은 부정적인 감정을 조절하기 위해서 모든 사람에게 도움이 되는 여러 전략 중 몇 가지를 남들보다 적게 활용하는 경향이 있었다. 따라서 예민한 부모가 감정 조절력을 높이려면 다음 다섯 가지 단계에 집중해야 한다.

1단계 자기 감정을 수용한다
2단계 부정적인 감정을 부끄러워하지 않는다
3단계 감정에 대처할 수 있다는 자신감을 갖는다
4단계 부정적인 감정은 오래 지속되지 않음을 자각한다
5단계 어떤 경우라도 희망이 있다고 믿는다

예를 들어 육아가 지긋지긋하게 느껴질 때, 이런 감정을 수용하고 부끄러워하지 않을 수 있는가? 남들도 이런 감정을 느끼고 이겨냈으며, 자신도 이겨내리라고 믿을 수 있는가? 자신

이 끔찍한 부모가 아니라고 믿을 수 있는가? 영원히 지속될 것 같은 이 끔찍한 감정도 결국은 바뀌리라고 생각할 수 있는가? 자신의 감정 상태에 무언가 손 쓸 방법이 있다고 생각하는가? 어쩌면 도움을 받을 수 있을지도 모른다고 생각하는가? 앞서 언급한 다섯 가지 감정 조절 단계에 집중해보자. 이 중에서 자신이 가장 서투른 전략은 무엇인가? 여러분만 서투른 것이 아니다. 이 다섯 단계는 예민한 부모들이 가장 어려워하는 감정 조절법이다.

주의를 분산시켜 천천히 반응한다

과학자들이 높이 평가하는 감정 조절법 중 하나는 다른 생각을 하면서 주의를 분산하는 것이다. 지금 아이에게 주의를 기울일 사람이 달리 없다면 부모가 주의를 분산하기는 어렵다. 하지만 이럴 때는 조금씩 주의를 나눠서 기울일 수 있다. 예컨대 분노 조절법 중에는 분노를 표출하기 전에 천천히 열까지 세는 방법이 있다. 때로는 그 사이에 마음속에서 일어난 불길이 잦아들기도 한다. 열까지 세다 보면 주의가 분산되는 동시에 마음이 약간 누그러든다.

주의를 분산한다고 해서 감정을 억누를 필요는 없다. 주의 전환은 그저 반응을 미루거나 약화시키는 방법이다. 재밌는 책을 근처에 두고 읽으면서 아이를 지켜보거나, 컴퓨터로 짤막한 웃긴 영상을 보거나, 팟캐스트를 듣는 등 무엇이든 자신이 하고 싶은 일을 해보자. 주위 환경에 변화를 줘도 좋다. 그러면 감정도 조금이나마 바뀔 때가 많다. 감정적으로 버거울 때 할 수 있는 일을 미리 목록으로 적어둬서 주의 분산이 필요한 시점에 무엇을 해야 할지 생각할 필요가 없도록 해도 좋다.

아이가 너무 성가시게 굴 때는 아이가 좋아하는 TV 프로그램을 보여준다. 아이가 TV에 집중하는 동안, 부모는 마음을 가라앉히고 자신의 욕구를 충족시킬 전략을 떠올릴 수 있을 것이다. 매우 드문 일이지만 만약 도저히 감정을 주체하지 못하겠다면, 감정을 추스를 때까지 몇 분 동안이라도 아이와 떨어져 있도록 한다. 아이가 방문을 두드리더라도 그냥 놔두고 그저 "조금만 있다가 나갈게."라고 이야기한다.

감정을 나누면 가벼워진다

가족이나 친구에게 전화를 걸어보자. 그러면 주의를 전환하거나 감정을 털어놓을 수 있다. 자신에게 정말 의지가 되는 사람도 있을 것이고, 때로는 서로 의지하는 관계도 있다. 어느 쪽이든 이야기를 하다 보면 마음속에서 무엇인가 변화가 생길 것이다.

감정 조절법의 일환으로 소위 '감정 전염'이라고 불리는 방법이 있다. 주위에 웃는 사람이 있으면 함께 웃게 되는 것이다. 설사 그 사람이 텔레비전에 나오는 사람이더라도 말이다. 마음이 괴로울 때 주위에 평온한 사람이 있으면 도움이 된다. 어떻게 도움이 되는지는 잘 알고 있을 것이다. 누구나 한 번쯤은 친구를 위해 곁을 지켜준 경험이 있을 테니까 말이다.

물론 이 방법은 역효과가 날 때도 있다. 상대가 예상 밖의 감정을 드러내거나 혹은 이해하기 힘들다는 반응을 보이면 민감한 사람은 수치심이나 분노와 같이 더 기분 나쁜 감정에 빠져들 수 있다. 이때는 상대의 감정을 받아들이지 않는 것이 좋은 감정 조절법이 될 수 있다. 사회적 동물인 인간은 서로의 감정을 능숙하게 알아차린다. 인류는 포식자인 동시에 검치호랑이 같은 동물의 먹이로 진화해왔기 때문이다. 그렇기에 인간은 두려움이나 분노 같은 정서 반응에 빠르게 대처할 필요가 있었고 그것은 민감한 사람의 특기이기도 하다.

하지만 민감한 사람은 상황을 숙고하는 성향 때문에 무리를 따르지 않기도 한다. 또 상대가 느끼는 감정이 정당하지 않다고 생각하거나, 자신에게 유익하지 않을 때는 그것을 거부하기도 한다. 그러니 상대의 반응을 도저히 이해할 수 없을 때는 그저 무시하면 된다.

잘 쉬는 부모가 행복하다

감정은 몸에서 나오기 때문에 우리는 몸 상태를 변화시킴으로써 감정도 변화시킬 수 있다. 그래서 예민한 부모는 무슨 일이 있어도 휴식 시간을 확보해야 한다. 그리고 쉴 때는 효율적으로 쉬어야 한다. 짧은 시간 안에 몸과 마음을 최대한 진정시켜야 한다. 나는 주로 명상을 통해 심신을 안정시키곤 했다.

— 돌 무렵 아들은 초저녁만 되면 지나치게 까탈스럽게 굴었다. 그 때마다 나는 지칠 대로 지친 상태에서 저녁 식사를 준비하면서 아이를 돌보는 일을 동시에 해내야 했다. 시간이 지날수록 살림과 육아 사이에서 번아웃을 느끼기 시작했고, 내가 지칠수록 아이 또한 함께 예민해지는 것 같았다. 우리는 뭔가 조치를 취해야 했다. 우리는 친구의 조언을 떠올리고 이 악순환을 멈추기 위해 비교적 수월한 종류의 명상을 시작했다. 명상을 시작한 지 하루 이틀 만에 몸과 마음이 편안해졌다. 그러자 놀랍게도 아이가 보이던 까탈스러운 행동이 완전히 바뀌었다. 아마도 내 마음의 여유가 생긴 덕분에 아이와 질적으로 더 충만한 시간을 보낼 수 있었기 때문일 것이다. 부모의 휴식이 아이에게도 긍정적인 영향을 끼친다는 사실을 깨달은 순간이었다.

낮잠도 도움이 된다. 최근 내 친구는 매사에 짜증이 났는데, 낮잠을 30분쯤 잤더니 너무 가뿐해졌다고 말했다. 휴식은 모든 활동의 밑바탕이 된다. 생각과 행동은 의식 상태에 따라 달라지고, 의식은 몸을 어떻게 다루느냐에 따라 달라진다.

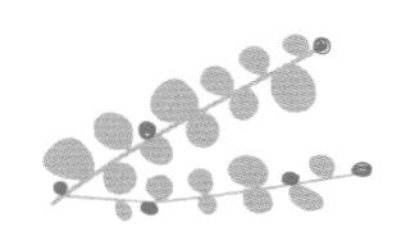

불안과 두려움,
우울과 좌절감에서 벗어나는 법

여기서는 몇 가지 중요한 감정, 즉 두려움, 슬픔, 분노를 집중적으로 살펴보려 한다. 이런 감정들은 위험으로부터 우리를 지켜주는 중요한 역할을 담당한다. 하지만 우리 몸에 경직 반응을 일으키고, 소화와 수면처럼 몸을 이완하고 유지하는 기능을 약화시키기도 한다. 이런 현상이 지속되면 당연히 몸이 상한다. 아이를 키우는 부모라면 피할 수 없는 감정들이기에 우리는 갖가지 감정들 특히 두려움, 슬픔, 분노를 조절하는 방법을 알아둬야 한다. 먼저 예민한 부모든 아니든 항상 따라다니는 감정인 불안과 두려움을 다루는 법을 살펴보도록 하자.

불안과 두려움

우리가 실시한 설문 조사에 따르면 부모가 경험하는 불안 수준은 민감성과 무관했다. 부모는 매우 다양한 이유로 누구나 불안할 수 있는데, 이는 부모가 아이를 너무 사랑하기 때문이다.

하지만 불안이 지나치면 가슴이 두근거리면서 이런저런 생각이 마구 떠올라서 밤새 잠을 잘 수 없을지도 모른다. 이럴 때는 어떻게 해야 할까? 먼저 한 발자국 뒤로 물러나 멀리 내다봐야 한다. 걱정하던 일이 실제로 발생하면 얼마나 끔찍할까? 지금으로부터 일주일, 한 달, 일 년 뒤에도 그 일이 영향을 미칠까? 목숨이 달린 문제인가? 아니면 그저 약간의 불편을 감수하면 되는 문제인가?

연구에 따르면 자신이 느끼는 불안을 걱정할수록 더 불안해진다고 한다.[3] 이것은 일종의 피드백 고리이다. 그러므로 어렵겠지만 자신이 느끼는 불안을 편안하게 생각하면 좋다. 그리고 다른 사람들이 여러분의 불안을 지나치게 문제 삼지 못하게 해야 한다.

이제 막 부모가 된 사람은 누구나 지속적인 피로와 스트레스에 노출된다. 아기가 계속해서 변하기 때문에 부모는 걷잡을 수 없는 걱정과 강한 불안에 휩싸이곤 한다. 부모가 불안에 휩싸여 모든 것을 통제하려 들면 강박증이 생길 수도 있다. 갓 엄마가 된 사람의 3퍼센트에서 11퍼센트는 강박증을 겪는다. 또 우울증이 있는 엄마라면 강박 증상을 보일 가능성이 70퍼센트에 이른다. 이들 연구의 대다수가 엄마만을 대상으로 삼고 있는 것을 이해해주기 바란다.

강박증은 강박사고obsession와 강박행동compulsion으로 나타난다. 강박사고란 바라지 않는 불안한 생각을 말한다. 예를 들어 아이가 추운 방에서 떨다가 병에 걸려 죽는 모습이나 아이가 차에 치이는 모습이 저절로 반복해서 떠오르는 것이다. 강박행동은 매우 반복적인 행동이나 정신 활동으로, 대개 강박사고로 인한 불안을 경감시키기 위한 방편으로 수행된다. 아기방이나 아기가 있는 장소의 온도를 수시로 점검하는 것이 그 예가 될 수 있다. 만약 강박증으로 어려움을 겪고 있다면 도움을 구해야 한다. 도움을 주는 곳이 있으므로 혼자서 괴로워하지 말자.

만약 출산 직후 매우 우울하거나 심한 스트레스를 받은 상황이라면, 자신이 아이를 해치거나 위험에 빠뜨릴 수 있다는 강박사고에 빠질 수 있다.[4] 이런 생각을 하는 엄마가 드물지 않다. 캐나다에서 실시한 한 설문 조사에 따르면 이런 생각을 한 엄마가 거의 절반에 이르렀다. 하지만 가만히 따져보면 그런 일은 실제로 거의 일어나지 않는다. 이런 생각은 단지 감정을 표현하는 하나의 수단일 뿐이며, 부모가 느끼는 강렬한 감정을 그만큼 극적인 심상으로 옮긴 것에 지나지 않는다. 하지만 조금이라도 자신이 위험하다고 느끼거나 이런 생각이 떠올라서 괴롭다면, 심리 치료사나 정신과 의사로부터 전문적인 도움을 받기 바란다. 이때는 전문가 중에서 이제 막 부모가 되었거나 육아로 고생하는 부모를 많이 다뤄본 전문가가 좋다.

한편 두려움은 비교적 한정된 시간 동안 경험하는 강렬한 감정이다. 두려움을 느낄 때 우리는 가슴이 두근거리고 손이 축축해지며, 속이 불편해지거나 흠칫 놀라기 쉽다. 또 두려움은 아직 일어나지 않은, 때로는 아직 '다시' 일어나지 않은 상황에 대한 공포라고 볼 수도 있다. 놀랍게도 우리가 두려워하는 상황은 대부분 우리가 과거에 적어도 한 번은 경험해본 상황이다.

두려움은 우리가 위험을 피하도록 도와주기 때문에 제 나름의 쓸모가 있다. 하지만 실생활 속에서는 별다른 위험 요소가 없거나 두려운 일이 실제로 일어날 가능성이 매우 낮을 때가 많다. 그 점을 알면서도 예민한 부모는 여전히 두려워한다. 부모는 자신의 두려움을 조절할 수 있어야 한다. 부모의 두려움이 아이에게 전달되면, 아이는 부모가 상황을 제대로 통제하지 못하는 줄 알고 크게 겁을 먹을 수 있다.

그렇다면 두려움, 불안, 걱정이 밀려올 때는 어떻게 해야 할까? 우선 자신이 가장 두려워하는 상황이 현실이 되면 어떻게 대처할지 미리 생각해두는 편이 좋다. 어떤 사람들은 그런 생각은 애초에 하지도 말라고 할지 모르지만, 예민한 부모는 저절로 그런 생각이 떠오르기 때문에 차라리 정면 돌파를 선택하는 편이 나을 수 있다.

때로는 인터넷에서 자신이 특별히 두려워하는 상황이 실제로 발생할 확률을 조사해보면 도움이 된다. 그 확률은 매우 낮을 때가 많다. 가장 중요한 것은 두려움을 억압하지 않는 것이다. 예민한 부모는 어차피 두려움을 느끼게 될 것이기 때문에 자기 내면의 두려움을 파헤쳐야 한다. 예를 들어 아기가 잠을 자다가 죽는 사건이 얼마나 자주 일어나는지, 아이가 낯선 사람에게 유괴를 당하는 사건이 얼마나 자주 일어나는지 조사해볼 수 있다.

나는 폴 폭스먼Paul Foxman의 『두려움과 함께 춤을Dancing with Fear』을 좋아한다. 폭스먼은 자기 책의 독자를 자주 민감하다고 표현하고 그만큼 민감한 사람을 잘 이해한다. 이 책에서 그는 불안증을 앓고 있는 두 사람의 내담자 안 시그레이브와 페이슨 코빙턴을 위해 개발한 변화 프로그램CHAANGE을 추천한다.[5] 폭스먼은 명상과 같은 이완법을 규칙적으로 연습하라고 권한다. 왜냐하면 몸과 마음이 이완되어 있는 동안에는 불안해질 수가 없기 때문이다. 또한 식단을 주의해서 살피고, 특히 혈당이 심하게 오르내리지 않도록 주의하라고 말한다. 혈당이 너무 높거나 낮으면 불안과 비슷한 느낌이 들기 때문이다. 폭스먼은 호흡에도 주의를 기울이라고 권한다. 불안하거나 두려울 때는 호흡이 얕아진다. 몇 번 호흡을 깊이 들이쉬고 내쉬기만 해도, 우리 내면을 향해 걱정할 것이 없다는 메시지를 보낼 수 있다. 풍선을 불 때처럼 코로 숨을 들이쉬고 입으로 내쉰다. 그러면 다음 번 숨은 저절로 깊이 들이쉬게 된다.

여기서 폭스먼은 불안할 때 불안을 그저 잊으려고 애쓰지 않기를 권유한다. 차라리 나를 둘러싼 우주의 법칙 혹은 신과 같은 영적인 존재의 자애로움에 대해서 깊게 묵상하는 편이 도움이 된다고 강조한다.

우울과 좌절감

불만족은 모든 부모가 다 같이 겪는 또 다른 문젯거리이다. 부모들은 종종 아이가 생기기 이전의 좋았던 날들을 기억하며 지금의 혼란과 수면 부족, 이른 기상 시간, 육아 외에 아무것도 할 여유가 없는 삶이 도대체 언제쯤 끝날지 궁금해한다. 어쩌면 예민한 부모는 이런 감정이 부적절하다는 느낌을 받기 때문에 더 큰 문제로 다가올 수 있다. 이때는 부모 지지 모임에 참여하는 것이 최선의 치료책이 되기도 한다. 용기를 내어 자기 감정을 털어놓으면, 다른 사람으로부터 자신도 비슷한 감정을 느낀다는 이야기를 들을 수 있다.

우울은 불만족보다 더 심각한 문제이다. 임신 기간이나 출산 후 석 달 안에 우울해지는 현상은 엄마들에게서 흔히 나타난다. 몇몇 통계 자료에 따르면 여성의 15퍼센트가 주요 우울 장애를 경험하며, 85퍼센트는 몇몇 우울 증상을 경미하게 경험한다고 한다.[6] 하지만 우리가 실시한 설문 조사에 따르면 민감하다고 해서 특별히 산후 우울증을 더 많이 경험하지는 않는다. 산후 우울증이 주로 호르몬의 영향을 받기 때문일 것이다.

그렇다면 아빠들은 어떨까? 대개 아이가 출생한 지 3개월에서 6개월 사이에 약 10퍼센트의 아빠가 우울증을 경험한다고 한다.[7] 아빠들도 호르몬 변화를 겪기는 하지만, 가장 큰 요인은 가족을 보호하고 부양해야 할 책임은 늘고, 자신에 대한 배우자의 관심과 성적 욕구는 줄어들기 때문으로 보인다.[8] 뇌 영상을 살펴보면 아빠들도 엄마들만큼이나 아이에게 공감한다.[9] 따라서 공감 영역이 이미 남들보다 더 활성화되어 있는 예민한 아빠는 더더욱 공감을 많이 한다고 볼 수 있다. 이는 곧 엄마와 아이가 스트레스를 받을 때, 아빠도 스트레스를 받는다는 의미이다.

2주 이상 거의 날마다 하루 종일 우울한 사람이라면, 자신이 주요 우울 장애(여기에는 심각한 산후 우울증도 포함된다)에 해당하는지 인터넷에서 찾아보고 싶을 수도 있다. 그렇다면 정신 질환 진단 및 통계 매뉴얼DSM-5의 증상 목록을 활용하거나 인터넷에서 찾아볼 수 있는 벡 우울척도 검사Beck Depression Inventory를 활용한다. 어쩌면 정신과 의사를 찾아보는 것이 좋을지도 모른다. 의사가 산후 우울증을 다뤄본 경험이 있고, 특히 갓난아기를 키우는 엄마라면 더욱 좋다.

예민한 부모가 쉽게 좌절하거나 짜증을 내는 까닭은 완벽주의 때문이기도 하다. 예를 들어 아이들이 장난감이나 옷을 치우지 않고 내버려 두거나, 좋은 성적을 얻기 위해서 공부하지 않을 때 이런 감정을 느낀다. 거기에 특유의 성실성까지 한몫거든다. 자신을 주위의 다른 부모와 비교하면서 남들이 자기보다 아이를 더 잘 다루고, 집을 더 깔끔하게 정돈하고, 하루 세끼 건강하고 영양가 있는 식사를 더 잘 차려낸다고 느낀다.

좌절감이나 짜증에 대처할 때는 부모나 아이나 완벽할 수 없음을 인정해야 한다. 자신이 아이, 배우자, 친구의 기대에 부응하지 못할 수 있다고 미리 감안해둔다. 그들 역시 여러분의 기대를 저버릴 수 있다. 아이는 놀랄 만큼 빠른 시간 내에 집을 떠날 것이다. 그때가 되면 항상 주변을 돌아보며 살겠다는 목표를 실천할 수 있을 것이다.

제 두 아들은 모두 민감하지만 성향은 서로 전혀 달라요. 첫째 아들은 외향적이면서 민감해요. 저와는 정반대예요. 걔는 늘 쉬지 않고 이야기를 하죠. 저는 아들을 조용하게 만들어보려고 책에 나온 온갖 기법들을 죄다 시도해봤지만 소용이 없었어요. 첫째 아들의 목소리 톤은 꼭 파바로티 같아요!

저 스스로 소리를 내서 말을 더 많이 하는 방법도 시도해봤어요. 이 방법은 도움이 되는 듯했지만 도저히 지속할 수가 없었죠. 저는 부모이고 아이들을 사랑하기 때문에, 아이들이 제게 이야기할 때는 들어주고 싶어요. 하지만 첫째를 기르면서 저는 흘려듣는 능력을 길러야 했어요. 먼저 하던 일을 멈추고 아이에게 집중해서 눈을 바라보면서 이야기를 들어요. 그러고 나서 흘려듣기 시작해요. 제 주의를 끌고 제대로 들어야겠다는 생각이 드는 단어나 이야기가 나오면 다시 귀를 기울여요. 그렇지 않은 이상 그냥 흘려듣죠.

어쩌면 아이들은 일 년이 안 되어 오늘의 짜증이 눈 녹듯 사라질 정도로 다른 모습으로 변할 수도 있다. 열 살배기 아이는 저녁 메뉴로 피자, 마카로니 치즈, 치킨너깃만 찾을지 모른다. 하지만 2년 후에는 미식가의 입맛으로 변할 수도 있다. 지금 내 눈에 완벽한 상황이 아니어서 좌절을 느끼고 미리 우울해할 필요가 없다. 그저 주어진 상황을 받아들이는 나만의 방법을 찾는 것이 좋다.

아이에게 화가 날 때

어린아이들과 함께 있을 때는 대부분 부모가 분노를 조절해야 한다. 화를 내고 성질을 부리는 것 말고도 자기 마음을 표현할 방법이 있다는 것을 아이들에게 가르쳐야 하기 때문이다.

예민한 사람이 화가 났을 때 재빨리 보일 수 있는 반응은 바로 생각하기 시작하는 것이다. 생각할 시간을 많이 확보할수록 더 나은 대안을 찾을 수 있다. 그런 경향은 특히 10대 아이와의 관계에서 더욱 뚜렷이 나타난다. 다음은 어느 예민한 엄마가 아이를 기르며 분노한 경험을 나눈 것이다.

—— 지난 주말 아이들은 각자 자기 친구를 초대해서 하룻밤 같이 자기로 했어요. 그날 딸이 자기 숙제 뒤에 욕이 쓰여 있는 걸 발견

하고는 성질을 부리기 시작했죠. 다른 애들은 낄낄거리고 딸애는 바락바락 악을 썼어요. 바로 그때 한계에 다다랐어요. 더 이상 참지 못하고 화산처럼 폭발해버렸어요. 제 한계는 거기까지였던 거예요. 저는 눈물이 그렁그렁해져서는 방으로 들어가서 귀를 막고 불을 껐어요. 남편이 애들을 전부 상대해야 했지만 그래도 상관없었어요. 저는 도저히 그 상황에 대처할 수가 없었거든요.

마셜 로젠버그Marshall B. Rosenburg의 『비폭력 대화』(한국NVC센터)라는 책을 강력 추천한다.[10] 그 내용을 요약하자면 우리 모두에게는 자기 욕구를 가질 권리가 있다. 욕구는 우리를 살아가게 하는 힘이다. 그것이 좌절되면 화가 난다. 그러므로 지금 자신에게 필요한 것이 약간의 차분함인지, 생각할 시간인지, 존중인지, 음식인지, 안전인지 파악해야 한다. 또 상대가 화가 났다면 그 배후에 어떤 욕구가 있는지 알아야 한다. 모르겠다면 재빨리 공감 능력을 발휘해서 상대가 자기 욕구를 파악할 수 있도록 돕자. 아이든 어른이든 상대가 자신이 느끼는 욕구를 이해하려고 애쓴다는 것을 알면 마음을 가라앉히기 마련이다. 그러고 나서 자신의 욕구를 상대에게 말해보자. 이 모든 절차를 거치고 나면, 대개 양쪽 모두의 욕구를 충족시키고 갈등을 해결할 수 있다.

예를 들어 아이가 저녁 식사 전에 먹어서는 안 되는 간식을 먹었다고 해보자. 부모는 아이가 간식을 몰래 먹었다는 것을 알고 간식이 어디 있는지 묻는다. 아이는 모른다고 부인한다. 부모는 화가 나고, 아이가 거짓말쟁이가 되는 건 아닐까 생각한다. 하지만 여기서 멈춰보자. 부모가 바라는 것은 무엇인가? 아이가 정직한 사람으로 자라기를 바라고 아이와 끝없이 갈등하지 않기를 바랄 것이다.

이제 자신에게 질문을 던져본다. 아이가 바라는 것은 무엇인가? 배가 고팠나? 달콤한 음식이 먹고 싶었나? 어쩌면 자기가 원하는 것을 스스로 선택하는 자율성을 원했나? 아이가 진짜 원하는 것을 부모에게 요청했을 때 그것을 존중받거나 적어도 이해받고 싶었나? 아마 아이는 부모가 보일 반응과 자신이 받아 마땅한 벌을 두려워할 것이다.

그러니까 부모는 이렇게 말해야 한다. “아까는 달콤한 걸 꼭 먹고 싶었나 보구나. 저녁 식사 전에 간식을 먹으면 안 된다는 규칙이 마음에 들지 않을 수도 있어. 지금 너는 규칙을 어긴데다 거짓말까지 해서 엄마(아빠)가 어떻게 나올지 걱정스러울 거야. 벌을 받을까 봐 무서울 수도 있겠지.”

아이는 부모가 자신의 감정과 달콤한 음식을 먹고 싶어하는 마음, 그리고 규칙의 부당성을 이해해주면 한결 마음이 놓일 것이다. “엄마(아빠)는 우리가 정한 규칙을 네가 지켜주면 좋겠어. 이 규칙을 지킬 수 없다면, 네가 지킬 수 있는 규칙을 다시 만들어볼까?" 그러고 나서 아이와 협상을 시작한다.

아이 앞에서 화를 도저히 주체할 수 없는 상태라면 그 상황을 다른 사람에게 맡겨두자. 아이와 단둘이 있다면 아이를 두고 방에서 나간다. 그래서 아이를 잠시 혼자 두게 된다고 해도 말이다. 만약 공공장소에서 그만큼 화가 치밀어 오른다면 때로는 아이의 시야 내에서 그냥 돌아서 가는 것이 도움이 된다.

예민한 부모를 위한 상황별 분노 조절 방법

사랑스러운 아기에게 화가 날 때

로젠버그의 방법을 쓰려면 아이가 언어 능력과 어느 정도의 사고력을 갖추어야 한다. 영유아기의 아기에게는 자기 욕구밖에 없으며, 때로는 그 욕구를 채워달라고 몇 시간씩 울어댄다. 이것을 영아 산통이라고 부른다. 그나마 다행스럽게도 아기는 잠을 자는 시간이 많고 자신의 떠들썩한 욕구와 감정들로 바빠서 부모가 화가 나도 잘 알아차리지 못하는 듯하다. 하지만 부모가 아무리 숨기려 해도 부모의 감정이 어느 정도는 아기에게 전해진다. 따라서 부모는 주의를 전환하기 위해 집밖으로 외출을 하거나 부담을 덜고 이야기를 나누는 등 가능한 방법을 동원해서 화를 가라앉히도록 해야 한다.

유아가 떼쓰기를 시작했을 때

위스콘신 대학교에서 실시한 연구에 따르면 유아의 떼쓰기는 가벼운 화에서 시작한다.[11] 이때 일찌감치 아이의 주의를 다른 곳으로 돌리거나 협상을 해서 멈추는 것이 가장 좋다. 아이가 좋아할 만한 대안을 제시하고 그중 하나를 고르라고 하면 효과를 볼 수 있다. 하지만 아이가 마구 화를 내기 시작하면 중간에서 멈출 방법은 없다. 일단 자연스럽게 잦아들기까지 기다린 후에야 문제를 해결할 수 있다. 다행인 점은 부모가 아이의 떼를 더는 견딜 수 없는 단계에 이르면 대체로 떼쓰기가 끝난다는 것이다. 평균적으로 떼쓰기는 1분 정도 지속된다. 물론 그 1분은 영원처럼 길게 느껴진다. 하지만 평균적인 지속 시간은 1분이니 지나가기를 기다려보자.

아이의 떼쓰기가 스트레스나 상실, 슬픔 때문인 경우도 있다. 이럴 때는 아이가 더 많이 울고 떼부림이 더 오래 가는 경향이 있다. 그 이유는 아이가 스스로 기 싸움에서 졌다는 것을 깨닫고 좌절감을 표현하기 때문이다.

아이가 떼를 쓰는 도중에 대다수 부모는 어떻게든 해결해보려고 노력하지만, 연구에 따르면 부모의 개입이 도움이 되는 경우는 거의 없다. 어쩌면 부모가 아이의 떼를 멈추려고 안달복달할수록 아이가 이길 수 있다는 신호를 보내는 건지도 모른다. 언젠가는 멈추리라는 것을 기억하고 기다려야 한다.

한편 알레타 솔터Aletha Solter는 괴로워하는 아이를 붙들고 이야기를 하는 방법이 그저 떼쓰기가 지나가기를 기다리는 방법보다 더 효과적이라고 말했다.[12] 이야기를 나누면 아이는 부모가 차분한 상태라는 사실을 알아차리고 버림받은 느낌이 덜할 것이다. 처음에는 아이가 부모를 밀어낼 수도 있지만 시간이 흐르면서 아이는 울고불고 떼쓰는 시간이 짧아질 것이다.

의사 소통이 가능해졌을 때

다행히도 학령기 아이와는 말이 통하고 생떼를 쓰는 경우가 적어지므로 마셜 로젠버그가 제안한 방법을 활용할 수 있다. 로젠버그는 분노를 표현한다고 해서 욕구가 충족되는 경우는 거의 없다고 봤다. 예민한 부모는 다른 사람에게 상처를 주지 않으면서 효과적으로 분노를 표현하는 방법을 아이에게 잘 가르쳐줄 수 있을 것이다. 아이들은 항상 부모의 본을 따르면서 자신이 얼마나 많이 컸는지 알려주고 싶어한다. 따라서 부모가 화가 나는 상황에서 차분함을 유지하는 태도를 보인다면, 아이도 그런 모습을 따르려고 애쓸 것이다.

10대 자녀와 갈등이 생길 때

10대 자녀와 갈등을 겪고 있을 때 해결책을 알 만한 사람은 다름 아닌 부모이다. 부모는 자기 욕구를 잊지 않으면서 동시에 자녀의 욕구를 존중할 수 있다. 이때 부모는 민주적인 양육 방식을 취하면서 로젠버그의 방법을 매우 효과적으로 활용할 수 있다.

10대들은 종종 부모가 자신을 존중해주지 않고 어린아이 취급을 한다며 분통을 터트린다. 또 때로는 어른처럼 행동하기를 기대한다면서 화를 낸다. 부모는 10대 자녀의 마음 상태에 따라 이리저리 휘둘리다가 화가 치밀어 오르기 십상이다. 부모는 구체적인 사안이나 상황에 대해서 잘 알고 얘기해야 한다. 만약 세부 사항을 전부 알지 못하는 상황이라면 아이의 말을 주의 깊게 들어야 한다. 만약 부모가 더 잘 알고 있거나 10대 자녀가 잘못 생각하고 있는 문제라면, 아이에게 공감하면서 동시에 부모의 생각을 명확히 전달해야 한다.

갈등을 풀어나갈 가장 효과적인 순간 중 하나는 우리가 스스로 잘못을 인정하고 사과할 때이다. 아이는 그 어느 때보다 이런 순간에 부모로부터 많은 것을 배운다. 부모가 때로 틀리기도 한다는 것, 실수를 인정해도 괜찮다는 것을 배운다. 또 자기 실수를 인정할 때 주위에서 더 많은 인정을 받게 된다는 것도 배울 것이다.

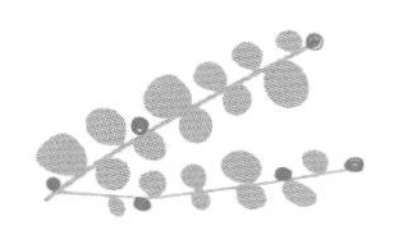

육아의 기쁨도 두 배가 된다

나는 예민한 부모가 긍정적인 감정을 느낄 때 아이처럼 천진난만해진다고 생각한다. 제일 먼저 떠오르는 감정은 기쁨이다. 어쩌면 그들이 아이를 낳고 싶어하는 중요한 이유 중 하나가 아이들이 맛보는 기쁨을 함께 누리고 싶어서일지도 모른다. 예민한 부모는 아이가 햇빛을 받아 빛나는 푸른 잎사귀들과 기적처럼 피어나는 꽃을 처음 볼 때 그 경험을 아이와 함께한다. 아이가 처음으로 생일을 맞을 때, 처음으로 선물을 열어볼 때, 처음으로 디즈니랜드에 갈 때, 예민한 부모는 그 경험을 공유한다.

웃음 역시 다른 부모보다 더 자주 아이와 공유하는 감정일 것이다. 예민한 부모는 아이들의 미묘하고 유치한 농담을 자주 알아차린다. 또 사물의 작동 원리나 어떻게 그런 모습이 되었는지 호기심을 갖는 경향이 있다. 아이들에게 동조를 잘하기에 다른 부모라면 모르고 지나칠 만한 아이의 호기심 어린 순간들을 잘 알아차릴 수도 있다. 정보를 깊이 처리하는 특유의 능력 덕분에 아이의 질문에 깊이 있고 창의적이며 흥미로운 답을 할 수도 있을 것이다. 피곤하지만 않다면 말이다.

긍정적인 감정을 즐기려면 잘 쉬어야 한다! 늘 휴식이 기본이다. 예민한 부모는 잘 쉬었을 때 부모로서 최선의 모습을 보이며, 쉬지 못했을 때 육아를 가장 힘들어한다. 감정 조절은 신경계가 수행하는 신체적인 일이고 예민한 사람의 신경계는 이 일을 더 열심히 수행한다. 그들의 신경계는 모든 상황을 흡수하고 아이의 감정뿐 아니라 자기 감정도 더 깊이 처리한다. 따라서 예민한 부모는 감정 조절을 잘할 수 있다. 자신에게 기회를 줘보자.

6장

부모로서 건강한 대인관계 맺기

예민한 부모는 늘 수줍다

우리가 한 설문 조사에서 예민한 부모들이 다른 부모보다 눈에 띄게 더 자주 동의한 문항 중 하나는 '육아를 하면서 새롭게 만난 사람들(다른 아이의 부모나 교사 등)과 교류하는 일이 너무 불편하다.'였다. 외향적 성향의 예민한 부모들조차도 조부모가 손주에게 끊임없이 관심을 보이며 자주 만나고 싶어하는 상황을 못마땅하게 생각했다. 왜냐하면 예민한 부모는 아무리 외향적인 편에 속한다고 해도 내향적인 사람만큼이나 휴식할 시간이 필요하기 때문이다. 사람들은 누군가가 임신을 하면 그 아이가 고등학교나 대학에 들어가기 전까지는 아이의 부모와 사회적 교류를 나누는 것이 마치 자신의 당연한 권리라도 되는 것처럼 여긴다. 이는 낯선 사람도 마찬가지여서 그들은 다가와서 조언을 늘어놓거나 자신의 육아 경험을 말하곤 한다.

다른 아이의 부모나 그저 아이를 좋아하는 사람이 갑자기 친한 친구라도 되는 양 말을 걸어올 때 따뜻하게 응하지 못하면 차갑다거나, 수줍다거나, 불친절하다는 인상을 줄 수 있다. 그래서 예민한 부모들은 자기가 남들과 달라서 아이의 평판에 악영향을 미치지 않을까 두려워하기도 한다.

민감한 저 때문에 딸은 친구들을 집에 자주 초대할 수가 없어요. 딸이 그것 때문에 난처해지거나 저를 부끄러워할까 봐 걱정돼요. 다른 부모들이 저를 어떻게 생각하겠어요?

종종 아이를 기르며 사귄 사람이 평생의 친구가 되기도 한다. 사람들은 인생에서 중요한 변화나 어려운 시기를 함께 겪으면서 가까워지기 때문이다. 아이를 기르는 과정에서 우리는 굉장히 많은 사람을 만나기 때문에 그중에서 가치관이나 관심사, 성격을 공유하는 사람을 찾기가 쉽다. 특히 비슷한 성향의 부모를 잘 살펴보면 평생을 함께할 친구를 사귈지도 모른다.

물론 친구와 함께 시간을 보내면서도 쉽게 피로해질 수 있다. 모든 사회적 상호 작용에는 감정이 수반되기 때문이다. 사회적 감정은 우리가 다른 사람과 함께 있을 때 느끼는 것으로 수줍음이나 죄책감, 수치심, 자부심 등이 있다. 이런 사회적 감정은 잘 알아차리고 대처할 필요가 있다. 민감한 사람이라면 아마도 이를 쉽게 해낼지도 모른다.

먼저 수줍음은 사회적 판단에 대한 두려움이 발현된 것으로, 지나친 경우 사회적 거부나 고립으로 이어질 수 있다. 부모가 되면 주위에 자신과 전혀 다른 사람들을 만날 기회가 많아지므로 민감한 사람일수록 수줍음을 느낄 만한 상황이 많아진다.

— 다른 엄마들과 처음으로 만나는 자리는 제게 너무 벅차서 매번 정신이 아득해져요. 학교 행사에 참석하는 날이면 교실의 시끄러운 소음과 끊임없이 밀려오는 걱정, 긴장감까지 모든 게 너무 버겁기만 해요. 다행히 아이 친구의 엄마가 좋긴 해요. 하지만 어딘지 모르게 서먹서먹하고 절 좋아하지 않는다는 느낌이 들어요.

어쩌면 여러분은 아이의 축구 시합을 보러 갔을 때, 다른 부모들이 응원하거나 수다를 떠는 곳에서 멀찍이 떨어져 혼자서 있을지 모른다. 어쩌면 예전에 그 무리에 합류했다가 두 배쯤 더 지쳐서 집으로 돌아왔을 수도 있다. 신입생 학부모 환영회에 갔는데 다른 부모들은 서로를 평생 알아온 것처럼 이야기를 나누는 반면, 여러분은 그저 주위를 둘러보고 있을 수도 있다. 그러다가 자신이 학부모 무리에 받아들여지지 않을 수도 있다는 두려움에 휩싸인다. 또 다른 사람들이 자신에게 무언가 문제가 있다고 생각할지 모른다는 걱정이 든다. 그래서 무리에 끼어 대화에 참여하려 하지만 긴장이 된 나머지 할 말이 떠오르지 않는다.

새로운 사회 집단에 들어가게 될 때 예민하지 않은 부모들은 빠르게 유대감을 형성한다. 그들은 서로 온갖 이야기를 나누지만, 예민한 부모는 조금 다르다. 처음에는 서로 친밀한 관계를 맺고 있는 한 무리의 부모들을 피하게 된다. 그러다 보니 이 부모들이 주위에 있을 때는 점점 더 신경이 곤두서고, 더 쉽게 수줍음을 느낀다. 다른 부모들의 평가가 두려울수록 예민한 부모의 수줍음은 심해진다.

다른 부모와 비교하지 않기

남들이 자신을 괜찮은 사람으로 보는지 의심을 품는 것은 자연스러운 행위이다. 무리와 부락에서 쫓겨나지 않도록 규칙을 따르는 것은 인간이 생존하기 위한 하나의 방식이었다. 우리는 자신이 속한 사회가 무엇을 기대하는지 알아야 한다. 일단 부모라고 불리는 집단에 속한 이상, 거기에는 온갖 종류의 기대가 존재한다. 하지만 남들의 기대에 초점을 맞추다 보면 늘 비교를 하게 되고, 남들과 늘 비교를 한다는 것은 '순위 매기기' 상태에 빠져 있음을 의미한다. '나는 남들보다 잘하고 있는 건가, 못하고 있는 건가' '승자인가, 패자인가, 아니면 무승부인가?' 같은 질문을 하며 끊임없이 순위를 매기는 상태 말이다.

나는 『사랑받을 권리』에서 인간은 두 가지 사회적 행동, 즉 순위 매기기ranking와 관계 맺기linking를 한다고 썼다. 타인이나 집단에 애정과 애착을 느낄 때는 보통 자신을 남과 비교하지 않는다. 반면 누가 더 나은지 파악하려 할 때 우리는 순위 매기기를 한다. 다시 한번 말하지만, 비교와 순위 매기기는 자연스러운 행위이다. 개, 말, 고양이, 닭 할 것 없이 모든 사회적 동물의 무리를 관찰해보면 누가 일인자인지를 모든 개체가 알고 있다. 그러면 누가 제일 먼저 먹이를 먹을지, 혹은 가장 예쁜 암컷과 짝짓기를 할지를 놓고 매번 싸울 필요가 없기 때문이다.

하지만 사회적 동물에게는 저마다 친구가 있기 마련이다. 따라서 수줍음을 극복하는 방법 중 하나는 순위를 매기기보다 관계를 맺으려고 노력하는 것이다. 가능한 많은 사람들에게 친절하고 상냥한 태도를 보이도록 한다. 특히 호감이 가는 사람이나 자신을 좋아하는 것처럼 보이는 사람은 더욱 상냥하게 대해준다. 다른 부모들과 함께 있을 때 순위를 매겨야 할 이유가 무엇인가? 모두가 나름대로 최선을 다하고 있지 않은가? 그렇다면 다른 부모들과 함께 있을 때 수줍음을 이겨내기 위해서는 무엇을 할 수 있을까?

수줍음을 이겨내고 다른 부모와 어울리는 팁

- **순위 매기기를 좋아하는 사람을 피하기**

  최고가 되고자 하는 욕심은 순위 매기기에 몰두하는 사람들에게 맡기자.

- **사람들과 진솔한 관계 맺기**

  편안하게 마음을 열고 상대를 대해보자. 이야기를 나눌 때는 상대를 향해 먼저 미소 짓고, 눈을 마주보며 상대의 말에 공감한다.

- **뒤로 물러서 있는 부모에게 먼저 다가가 보기**

  어색함을 이겨내고 먼저 다른 사람에게 다가가다 보면 비슷한 성향의 다른 예민한 부모나 내향적인 부모, 혹은 예민하면서 동시에 내향적인 부모를 만나게 될지도 모른다.

- **규모가 큰 모임은 되도록 피하기**

  비교적 작은 모임, 특히 아는 사람이 있는 모임 위주로 참석한다.

- **할 말을 미리 생각해놓기**

  사람들이 공유하는 육아 이야기를 찾되, 논쟁의 여지가 있는 내용은 제외한다. 일단 먼저 이야깃거리를 던지면 다른 사람들이 얘기할 때 그저 관심을 갖고 듣기만 해도 된다. 때로는 누가 아는 체 해주기를 기다리며 멀뚱히 서 있지 말고 먼저 이야기를 시작해보자.

- **모임의 대표를 맡기**

해야 할 일이 많지 않다면 용기를 내어 모임의 대표가 되어보자. 그러면 자신에게 접근하는 사람이 자연히 생길 것이고 집단의 실질적 구성원으로 인정받을 수 있다.

죄책감 없는 관계 만들기

죄책감과 수치심은 인간 사회가 발전하면서 누군가 잘못을 저질렀을 때, 그 행동을 바로잡는 계기로 작용했을 것이다. 그리하여 잘못을 저지른 사람이 다른 사람들과 조화를 이루도록 했을 것이다. 민감한 사람들은 사회에서 적절하다고 여기는 선을 넘기 전에 그 사실을 알아차리고 자기 행동을 조절한다. 이런 특성 탓에 민감한 사람은 누구보다 양심적인 부모가 될 수 있지만, 반면 만성적으로 죄책감과 수치심에 시달리기가 쉽다.

— 매년 12월과 6월에는 학교 행사가 너무 많아요. 아이와 선생님은 제가 행사에 참석해서 여러 학부모와 아이들을 만나기를 바라지만, 저는 퇴근을 하고 나면 힘이 남질 않아요. 직장에 에너

지를 쏟아붓고는 아이들의 부탁을 거절하자니 마음이 영 편치 않아요.

죄책감은 우리가 스스로 무언가를 잘못했다고 생각할 때 느끼는 감정이다. 그때 우리는 앞으로는 같은 잘못을 반복하지 않기 위해 더 열심히 노력한다. 예민한 사람들은 자기 행동이 어떻게 남들에게 불편을 초래하거나 남들을 불행하기 만들 수 있는지 간파하는 능력이 뛰어나기 때문에 죄책감을 잘 느낀다. 그리고 다음번에는 제대로 행동하려 노력한다. 만약 주위 어른들이 아이의 민감함을 이해하지 못해서 자주 죄책감과 수치심을 준다면, 어른이 되어서도 이런 감정에 더 취약해진다.

예민한 사람은 부모가 되면 죄책감을 느낄 일이 더 많아진다. 가정 안에서는 육아가 너무 버거운 나머지 배우자에게 죄책감을 느낀다. 가정 밖에서는 남들만큼 친구에게 많은 시간을 내어줄 수 없다. 부모로서 감당해야 할 일이 있기 때문에 직장에서도 최선을 다하기 어렵다. 때로는 부탁을 거절하고 나서도 죄책감을 느낀다. 그렇다면 죄책감은 어떻게 다루어야 할까?

예민한 부모가 죄책감을 다루는 방법

- **자신이 느끼는 죄책감을 다른 사람들과 이야기해본다**

다른 사람들도 당신이 잘못했다고 생각하는가, 아니면 관점에 따라서 다르게 생각할 수 있는 문제인가? 혹시 상대가 여러분에게 죄책감을 느끼게 해서 어떤 일을 하게끔 유도하는 것은 아닌지도 생각해본다.

- **실수를 저질렀다면 객관적으로 경중을 따져본다**

자신의 실수로 실제로 누가 얼마나 큰 손해를 입었는가? 따져보면 그렇게 죄책감을 느낄 일이 아닐 수도 있다. 때로는 공감능력을 활용해서 자신의 실수를 다른 사람의 관점에서 바라볼 수도 있다. 단순한 오해는 아니었는가? 오해는 누구의 잘못도 아니다. 그저 여러분의 의도와 다르게 타인에게 전달된 것뿐이다.

- **무의식적으로 실수를 저질렀을 가능성을 고려한다**

친절한 모습을 보이고 싶어서 무언가를 하겠다고 말을 해놓고는 그냥 잊어버리지는 않았는지 생각해본다.

- **자신에게 잘못이 있는 경우라면 빠르게 인정한다**

뉘우치고 상대에게 보상하거나, 미래에 같은 잘못을 저지르지 않도록 계획을 세운다. 오히려 잘못을 인정하면 상대는 종종 놀랍도록 금세 마음을 풀기도 한다. 실수를 너무 걱정하지 말고 어떻게 수습할지에 초점을 맞추자.

- **거절에 대한 기준을 미리 세워둔다**

나는 친구로부터 발 벗고 나서서 도와줄 사람을 추려놓고 그들이 자녀의 결혼식처럼 소중한 순간에 초대하거나 도움을 요청하면 기꺼이 응하라는 조언을 들었다. 그 목록에 없는 사람이라면 죄책감 없이 비교적 쉽게 요청을 거절할 수 있을 것이다.

- **자신을 용서하는 연습을 하자**

우리는 완벽할 수 없다. 자신이 얼마나 노력하고 있는지 돌이켜본다. 또 아이를 포함해서 얼마나 많은 사람이 당신을 진심으로 사랑하고 존경하는지, 얼마나 기꺼이 당신을 용서하는지, 그렇기에 당신이 스스로 용서하기를 그들이 얼마나 바랄지 생각해본다.

수치심 대신 자부심 갖기

수치심은 죄책감과 비슷하지만 일시적으로라도 자기 존재 자체가 나쁘다고 느끼는 점에서 죄책감을 넘어선다. 수치심은 사람들이 너무나 기피하는 감정이기 때문에 단어 자체가 입에 오르내리는 경우가 드물다. 하지만 많은 사람들이 줄곧 하고 있는 일들, 즉 규칙을 따르고, 예의바르게 행동하고, 상대를 기쁘게 해주려고 노력하는 일들의 이면에는 수치심이 상당 부분 자리하고 있다. 수치심을 느끼지 않기 위해서 사람들은 남 탓으로 돌리고 정말 중요한 일은 아니었다고, 오늘은 그냥 컨디션이 안 좋은 날이라고 둘러댄다. 우리가 흔히 누군가 '방어적으로' 이야기를 한다고 할 때, 이 말은 곧 그 사람이 수치심을 방어하고 있다는 뜻이다.

예민한 부모들은 남들보다 죄책감을 더 자주 느끼는 것과 같은 이유로 수치심에도 더 취약하다. 그들은 모든 감정을 더 강렬하게 느끼는 데다 행동하기 전에 주의 깊게 관찰하는 성향이 있기 때문에 실수를 경계한다. 하지만 너무 실수에 집중하다 보면 자신에게 무언가 심각한 문제가 있는 게 틀림없다는 결론에 이를지 모른다. 심지어는 자신이 근본적으로 무가치하다고 느끼기도 한다.

아이를 기르며 수치심을 느낄 때

아이를 기르다 보면 수치심을 느낄 만한 일이 많이 생긴다. 육아 조언을 받는 상황에서도 그렇다. 아주 사소한 조언도 부모가 무언가를 잘못하고 있다는 인상을 줄 수 있다. 그런 식의 조언을 하는 사람을 피할 수 없다면 이렇게 말해보자. "그 방법이 효과가 있었다니 다행이네요. 제 생각에 아이를 잘 기르는 방법은 여러 가지인 것 같아요." 상대가 수치심을 느끼고 방어적으로 대응할 때는 수치심이라는 공을 주고받기보다는 내려놓는다. "맞아요, 누구나 그럴 때가 있죠. 저도 그런 적이 있어요."

예민한 부모는 수치심 완화법을 주위 사람들에게 잘 가르쳐줄 수 있는 자질이 있다. 이는 아이들에게도 중요한 문제이다. 부모 앞에서 아이가 수치심을 보일 때는 "아빠도 어릴 때 너랑 똑같았어. 그건 정말 자연스러운 거야."라고 말해주거나, 또는 "네가 왜 그렇게 느꼈고, 왜 그렇게 행동했는지 엄마는 이해해. 이미 지나간 일이니 잊어버려. 엄마도 잊을게."라고 말해주자.

아이를 기르면서 발생하는 갖가지 상황 앞에서 온갖 방법을 시도하다 보면, 실수만 연발하는 듯한 기분이 들 때가 있다. 그러면 부모로서 느끼는 죄책감이 수치심으로 넘어간다. 그렇지만 수치심을 느낀다고 해서 육아가 개선될 리는 없다. 오히려 예민한 부모로서 직감을 믿고 따르기가 더 힘들어질 뿐이다. 여러분은 순수하고 민감한 존재로, 사랑할 준비를 갖추고 이 세상에 나왔다. 수치심을 느끼는 대부분의 문제는 우리가 통제할 수 있는 영역 밖의 상황들이 빚어낸 결과이다. 여러분의 잘못이 아니다. 여러분은 그 자체로 나쁘지 않고 그랬던 적도 없다. 여러분이 경험하는 문제가 무엇이든 그 문제가 나 때문에 생겼다고 느낄 필요는 전혀 없다는 말이다.

내가 이 책을 쓴 가장 큰 이유 중 하나는 경험담을 나누면서 예민한 부모는 혼자가 아니라는 사실을, 부정적인 감정에 자주 휩싸인다 해도 결코 수치심을 느낄 이유는 없다는 것을 알려주고 싶었기 때문이다. 따라서 나는 여러분이 예민한 부모들의 모임에 참석하거나 다른 예민한 부모와 알고 지내기를 바란다. 찾기가 어렵다면 온라인이나 오프라인 모임을 먼저 시작해도 좋을 것이다. 물론 서로 다른 점이 있겠지만, 다른 예민한 부모를 만나보면 위로와 자신감을 얻을 수 있을 것이다.

완벽주의 성향을 내려놓고 자신에게 가혹하게 굴지 않도록 노력하자. 자신이 잘하는 일에 집중하고, 자신을 사랑하고 이해해준 사람들을 떠올려보는 것도 수치심을 떨쳐내는 데 도움이 될 것이다.

자부심을 맘껏 갖자

자부심은 사랑스러운 사회적 감정이다. 자부심 역시 일종의 비교가 될 수 있고 순위 매기기와 엮일 수 있다. 앞서 언급했듯이 순위 매기기는 자연스러운 일이고 우리 모두는 순위를 매기기 마련이다. 다만 순위 매기기가 불쾌해질 때는 최고가 되지 못한다고 속상해하거나 다른 사람이 우리보다 앞서 있다고 전전긍긍할 때뿐이다. 가끔은 자신의 육아 능력이 자랑스러울 수도 있겠지만 대부분은 나와 너무나 다른 아이의 존재 자체가 자랑스러울 것이다. 예민한 부모는 모든 감정을 더 강하게 느끼기 때문에, 자부심 역시 강하게 느낀다. 이는 놀라운 선물이다.

이때 부모는 자신과 아이 사이의 경계를 지켜야 하고, 이것이 자신의 성취가 아니라 아이의 성취임을 기억해야 한다. 자부심의 반대편에는 아이의 성취를 마치 자신의 일부로 취급하는 나르시시즘이 있다. 어떤 의미에서 나르시시즘은 공감과 정반

대인 상태이다. 나르시시즘에 빠지면 타인의 감정이나 견해는 거의 존재하지 않는 것처럼 취급한다. 그래서 공감 능력이 뛰어난 예민한 부모라면 쉽게 나르시시즘에 빠져들지는 않을 것이라 믿는다.

아이의 놀이 모임 어떻게 할까?

대다수 사람들은 모임 약속이 예민한 사람에게 부담이 될 수 있다는 생각을 하지 못한다. 당연히 모임에 꼭 참석해야 할 필요는 없지만 참석하기로 결심했다면, 예민한 부모가 몇몇 있는 모임을 찾아보자.

아이와 놀이 모임에 가면 대다수 사람들은 아이들이 노는 동안에 부모들이 함께 이야기를 나누기를 기대할 것이다. 때로는 다른 부모들과 이야기를 나눠야겠지만 기력이 없을 때는 기지를 발휘하자. 양해를 구하고 차 안에 머무르거나 가까운 곳에서 다른 약속이 있는데 필요할 때는 언제든 달려오겠다고 이야기할 수도 있다. 아니면 차라리 이런 문제를 터놓고 얘기하면 앞으로도 이런 식의 놀이 모임을 더 갖기로 합의할 수도 있다.

아이가 스포츠클럽 소속으로 경기나 연습을 할 때 아이를 위해 그 자리에 있어주고 싶다면, 책을 들고 가서 다른 사람들과 약간 거리를 두고 떨어져 앉아서 아이를 지켜본다. 그리고 나중에 그 자리에서 본 장면들을 아이에게 이야기하며 부모가 자신을 지켜봤다는 사실을 확실히 알도록 해준다.

영유아기 부모의 사회생활

아이의 발달 단계마다 부모의 사회생활에 장단점이 존재한다. 영유아기에는 부모가 흔히 사회적으로 고립이 된다. 그래서 이 시기에 부모는 비슷한 연령의 아이를 동반한 부모 모임에 참석하고 싶을 것이다. 이 단계에서는 아이가 있는 사람들과 어울리게 될 가능성이 크고 아이나 육아와 관련된 이야기가 많이 오간다. 그러다 보면 자연스럽게 자신을 다른 부모들과 비교하게 될 것이다. 특히 가까운 이들은 여러분의 육아 방식에 대해서 거침없이 이야기할 수도 있다. 육아에 관해서는 모두가 자기 나름의 견해가 있고 아이의 성향은 다 다르다. 주위 사람들의 견해를 일일이 숙고하지 말고, 자신이 육아를 잘 하고 있는지 의문을 품지 않도록 하자. 부모 자신과 아이에 대해서 가장 잘 아는 사람은 부모이다.

학령기 부모의 사회생활

학령기는 부모에게 사회적 부담이 가장 큰 시기이다. 앞서 얘기했던 것처럼 부모의 여력에 맞게 한계를 설정해야 한다. 이제 아이가 학교에서 많은 시간을 보내기 때문에 예전보다 여력이 있을 수 있다. 하지만 부모가 다시 일에 복귀했을 수도 있고, 여유를 되찾으려 취미 활동을 다시 시작하면서 여유가 없을 수도 있다. 육아가 모두에게 진정한 소명이 될 수는 없음을 기억하자. 이 기회를 아이에게 세상의 관행을 따르지 않는 방법을 가르치는 계기로 삼는 것은 어떨까? 남들이 뭐라고 하든지 자기 우선순위에 따라 살려고 노력하는 삶의 방식을 가르치는 기회 말이다. 다음은 초등학교 자녀를 둔 예민한 엄마의 경험담이다.

— 지금 제 일상에서 가장 큰 문제는 첫째 아이가 매일 친구와 놀고 싶어한다는 거예요. 저는 일을 마치고 돌아오면 쉬어야 하는데 말이죠. 저희는 일단 아이가 일주일에 한 번은 친구 한 명을 집에 초대해서 같이 놀 수 있도록 했어요. 물론 아이의 바람을 충족시켜주지는 못했지만 아이는 이 규칙을 잘 따르고 있어요.

— 저는 아들의 놀이 모임에 함께하는 다른 엄마들과 친해지기가 힘들었어요. 제 아들은 가장 어렸고, 다른 아이들은 월령이 높

고 발달이 더 빨랐거든요. 그래서 아들은 친구가 한 명뿐이었고 참석하는 놀이 모임도 매우 적었죠. 모임에 가면 저는 너무 지쳤어요. 계속 '언제 끝나지?'라는 생각만 맴돌았죠. 하지만 아이가 크면서 이제는 아이를 친구 집에 내려주고 두 시간 후에 데리러 갈 수 있게 됐어요.

아이가 10대가 되면 부모는 아이와 관련된 대인 관계에 노출되는 시간을 줄일 수 있다. 이때는 아이 친구의 부모를 알고 지내면서 귀가 시간을 비롯한 중요한 규칙들에 대해 서로 합의를 해두는 것이 중요하다. 아이 친구들과 가족들이 모두 함께할 수 있는 소풍이나 하이킹 같은 행사를 계획해도 좋다.

예민한 부모의
대인관계 대처법

아이를 키우다 보면 어쩔 수 없이 마주해야 하는 사회적 관계들이 생긴다. 아이의 교육, 건강에 관련된 전문가부터 일상에서 마주하는 낯선 사람들까지 예민한 부모에게는 모두 부담스러운 상대들이다. 특히 교사는 아이에게 큰 영향을 미치기 때문에 부모는 교사와의 관계가 가장 부담스럽게 느껴질 수 있다. 과거에 교사와의 관계가 원활하지 못했다면 그런 경향이 더욱 심할지도 모른다. 따라서 먼저 자신이 교사를 어떻게 생각하는지 돌이켜본다. 교사에 대한 생각은 어린 시절에 형성되며, 경험에서 비롯된다.

—— 아이가 학교에 입학할 때가 되자, 저는 아이를 좋은 학교에 보

내야 한다는 스트레스보다 학부모로서 직접 학교 안의 사람들을 상대해야 한다는 스트레스가 더 컸어요. 선생님을 만날 때마다 제가 아주 예민해지더군요. 마치 제가 현미경으로 관찰을 당한 것 같은 느낌이 들었고 매번 의구심에 휩싸였어요. 아이 선생님을 만나고 집에 돌아오면 저는 제 방으로 숨어들었어요. 모든 게 너무 버겁게 느껴졌어요.

학부모로서 교사를 대할 때

여러분은 어쩌면 교사를 이상화하고 있을 수도 있다. 나도 아이였을 때는 그랬고, 지금도 여전히 그렇다. 나는 교사가 하는 일이 무척 중요하다고 생각한다. 하지만 그들 역시 사람이고, 흔히 젊으며 기대만큼 경험이 풍부하지도 않다. 여러분은 교사를 그다지 좋아하지 않을 수도 있다. 어쩌면 학창 시절에 교사가 민감성을 제대로 이해하지 못해서 여러분을 많이 힘들게 했을 수도 있다.

하지만 과거 경험이 어떠하든지, 부모는 지금 내가 만나는 교사를 그저 동등한 한 사람의 성인으로 바라볼 수 있어야 한다. 부모가 갑인 것처럼 행동해서는 안 되지만, 그렇다고 을의 입장을 취할 필요는 없다. 부모는 교사를 고유하고 동등한 한 인간으로 대하도록 노력해야 한다. 또 아이의 선생님이 어떤 사람인지 약간이나마 미리 알아두면 도움이 된다. 예컨대 개를 데리고 있는 모습을 봤다면 개를 언급해도 좋고, 교실을 꾸민 방식을 칭찬할 수도 있다.

교사들이 언제나 고된 업무에 시달리고 있으며 요구 사항이 많은 학부모는 교사에게 최악이 될 수 있음을 기억해야 한다. 아무리 짧은 이야기라도 이야기를 꺼내기 전에 자신이 번거롭게 하지는 않는지 살펴본다. 아이와 관련된 귀엽지만 불필요한 일화를 늘어놓지 않도록 한다. 교사가 아이를 더 잘 이해하고 가르칠 수 있도록 도움이 될 만한 이야기만 하도록 한다. 아니면 교사의 노고를 헤아리며 감사의 마음을 표현하는 방법도 있다.

부모는 교사의 자질이 의심스러울 때가 가장 힘들다. 이런 의심은 종종 아이의 이야기로부터 시작되므로 가능한 해당 교사를 만나서 실제로 무슨 일이 일어났는지 알아본다. 지나치게 단도직입적으로 문제를 언급해서 교사가 방어적인 태도를 취하지 않도록 한다. 교사도 여느 사람들과 마찬가지로 수치를 느낀다. 특히 학부모가 교사의 자질이 부족하다는 암시를 할 때는 더욱 그러하다. 교사들은 자신의 이야기가 학교 관리자나 다른 부모들에게 퍼질까 봐 걱정한다.

한편 교사의 자질에 심각하게 의구심이 든다면, 먼저 같은 반 학부모들과 이야기를 나눠본다. 그러고 나서 학교 측에 우려스러운 점을 이야기하되, 선생님의 인격 전반을 평가하는 이야기로 번지지 않도록 주의해야 한다. 교실에서 있었던 구체적인 사건만 이야기한다. 그저 자신이 목격한 바를 이야기하고 문제는 학교 관리자들이 해결하도록 한다.

부모에게 최선의 방법은 아이가 속한 학년보다 상급 학년을 담당하는 교사들을 미리 알아두고, 그중 문제가 있는 교사의 학급에 내 아이가 배정되지 않도록 하는 것이다. 학부모는 결국 소비자이므로 이런 문제에 자기 목소리를 낼 필요가 있다. 아이가 저학년일 때부터 아이를 잘 알고 부모와도 좋은 관계를 유지하고 있는 선생님이 있다면, 여러분을 대신해서 교장 선생님에게 이런 이야기를 전해줄 수도 있을 것이다.

교사는 기질에 관한 지식을 갖추었든 갖추지 못했든 옆에서 아이들을 관찰해왔다. 따라서 아이의 기질에 대해서 의논하려면 이런 식으로 이야기를 꺼내면 좋다. "선생님께서는 아이들 중에 저희 아이처럼 조금 더 산만한 아이들이 있다는 걸 이미 알고 계실 거예요." 그러고 나서 아이의 기질을 설명하고 이런 아이의 성향을 알아차렸는지 묻는다. 그리고 어떻게 하면 아이의 기질에 맞게 이끌어줄 수 있을지 이야기를 발전시키되, 기질을 아이의 능력이 부족한 부분과 연관시키지 않도록 한다.

종종 교사들은 아이들의 개인차를 일일이 고려하면 일이 더 복잡해지지 않을까 걱정한다. 따라서 부모는 아이의 기질을 고려하면 아이를 가르치기가 더 수월해진다는 점을 언급할 필요가 있다. 예를 들어 아이가 매우 활동적이라서 앉아서 학습을 시키기 전에 에너지를 발산하게 해주면 학습에 도움이 되리라고 이야기할 수 있다.

의료인을 대할 때

의료인들은 정말 바쁘고 환자들과 이야기를 나눌 시간이 부족하다. 이들은 나름의 형식을 따라 환자를 대한다. 가벼운 대화를 약간 곁들이고 바로 본론에 돌입하는 식이다. 이들은 예민한 부모들처럼 느리고 신중하게 접근하기보다는 빠르고 결단력 있게 임한다. 부모는 모든 징후와 증상을 전문가에게 이야기하고 싶을 것이고, 아마 긴장했다면 약간 더듬거리기도 할 것이다. 하지만 의사들은 환자가 두세 가지 항목을 이야기하면 그 이후로는 이야기를 듣지 않고 질문을 하기를 원한다.

되도록이면 다른 부모들이 높이 평가하는 소아과 의사나 다른 의료 전문가들을 추천받도록 한다. 특히 다른 예민한 부모들로부터 조언을 구하면 좋다. 혼자서 시행착오를 거듭하며 찾는 것보다는 수월하게 좋은 의료인을 찾을 수 있을 것이다.

또, 몇몇 의료인과 굳건한 관계를 맺고 아이가 청소년이 될 때까지 관계를 유지하는 것이 좋다. 그런 의료인이라면 기질을 잘 알든지 모르든지 간에 여러분의 민감성을 제대로 이해해 줄 것이다. 또 그들은 아이가 예방 접종이나 혈액 검사와 같은 경험을 편안하게 하도록 도와줄 것이다.

공공장소에서 만나는 낯선 사람들

공공장소에서 마주치는 낯선 사람들은 예민한 부모에게 최악의 상대가 될 수 있다. 모르는 사람에게 느닷없이 공개적으로 조언을 듣거나 비난을 당할 때 부모는 마음에 상처를 입기 쉽다. 하지만 부모가 아이를 늘 통제할 수는 없다. 아이들은 울고 떼쓰기 마련이다.

공공장소에서 아이들의 까다로운 행동에 대처하는 방법을 다루는 책을 읽어보자. 배우자나 친구처럼 외출에 자주 동행하는 사람이 있다면, 이런 상황에 어떻게 대처할지 미리 의견을 맞추거나, 둘 중 한 사람이 그런 상황에 관여하지 않기로 해둠으로써 상황을 악화시키는 일이 없도록 한다. 여러분과 동행하는 사람이 여러분보다 민감하지 않아서 그들이 상황을 맡아주면 좋다.

또 낯선 사람의 조언이나 비난에 어떻게 대응할지 미리 생각해놓는다. "조언해주셔서 감사합니다. 나중에 생각해볼게요." "아이를 기르는 방식은 여러 가지예요. 지금 저는 제 방식으로 아이를 대하고 있고요."

만약 여러분이 상황을 수습하려고 애쓰고 있다면, 아무리 선의더라도 조언을 하는 사람들이 선을 넘은 것이다. 그들은 여러분과 아이, 그리고 이전에 무슨 일이 있었는지 알지 못한다. 만약 낯선 사람들의 지적에 한 대 맞은 듯한 느낌이 든다면 여러분이 해야 할 말은 단지 "그런 말은 듣고 싶지 않아요. 그만해 주세요."일지도 모른다.

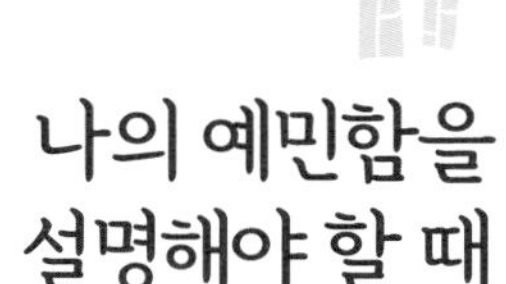

나의 예민함을 설명해야 할 때

때로 민감성이 대화 주제로 떠오를 때가 있다. 만약 그것이 상대가 못마땅하게 생각하는 어떤 행동에 대한 이야기라면, 일단 그 이야기에만 집중한다. 의사나 간호사가 여러분이 너무 걱정이 많다고 하는가? 그렇다면 다음과 같이 스스로를 방어해본다. "저도 중도를 찾으려고 노력하고 있어요. 너무 많이 걱정하지도, 너무 적게 걱정하지도 않으려고요. 아마 두 부류의 부모들을 다 만나보셨겠죠. 저에게 정보를 많이 주시면 주실수록 제가 걱정을 덜 하게 될 거예요." 만약 상대가 여러분이 예민하다고 비판한다면 "무슨 말인지 알겠어요. 그게 문제가 되나요?"라고 물어본다. 이때 질문의 요지는 '내 민감성이 어떤 면에서 당신을 불편하게 하는가?'이다.

만약 선생님이 아이를 너무 과잉보호하시는 것 같다고 말했다면 일단 정말 그런 것은 아닌지 생각해본다. 예민한 부모는 아이를 과잉보호할 수 있기 때문이다. 만약 학부모와 아이를 대해본 경험이 많은 교사라면, 그로부터 소중한 교훈을 얻을 수 있다.

육아 기간 내내 알고 지낼 사람에게는 자신의 민감한 기질 자체에 대해서 미리 이야기를 해둘 필요가 있다. 하지만 가까운 사이라 하더라도 막무가내로 터놓고 이야기하면 상대는 둘 사이에서 낯선 차이를 발견하고는 거리감을 느끼고 마음을 닫을 수도 있다. 또 마치 특별 대우를 기대하는 듯한 인상을 줄 수도 있다. 어쩌면 특별 대우를 기대하는 것이 사실일지도 모르지만, 시간을 두고 천천히 이야기하자. 상대로 하여금 이 부분에 대해서 시간을 두고 생각해볼 여유를 줄 필요가 있다.

한편 사람들 중에는 그들이 민감하지 않다는 말을 들으면 기분이 상하는 부류가 있다. 민감성은 공감이나 배려의 측면을 모두 포함하지만, 여러분이 말하는 민감성이란 감각 자극에 대한 민감성이나 생각이 많은 성향을 의미한다고 말해준다. 이때 '생각이 깊다'거나 '공감을 많이 한다'는 표현은 피하는 편이 좋다. 또 그들 역시 공감을 잘하는 편이라면, 공감 능력이 좋을 것이라는 이야기와 더불어 과도하게 자극을 받으면 공감 능력이 현저히 떨어진다는 점을 상기시켜준다.

다른 사람에게 민감성 이야기를 꺼낼 때는 처음부터 말을 많이 하지 말고 상대방이 호기심을 보이는지 살펴본 후 이따금씩 궁금증을 자아낸다. 혹시 상대방이 관심을 보이지 않더라도 기분 나쁘게 받아들이지 말자. 어쩌면 상대방은 지금 바쁘거나 민감성을 이미 알고 있는지도 모른다. 또 많은 남성들에게는 민감성이라는 주제가 무섭게 다가올 수도 있다.

이야기를 꺼내기 전에 상대방이 자신과 아이의 미래에 얼마나 중요한 사람일지 생각해보자. 만약 그렇지 않은 상대라면 굳이 어렵게 이해시킬 필요는 없다. 상대방이 기꺼이 귀 기울여 들어줄 것인가 고려하여 이야기를 꺼내자. 이때 얘기할 시간이 충분한지 체크하자. 느긋하고 편안한 분위기에서 이야기할 때 오해가 생길 여지가 적다. 효과적으로 이야기하기 위해 과학적 근거를 대는 것이 도움이 될지도 미리 고려해보자. 상대방이 학술적인 연구물이나 과학자의 말을 신뢰하는지, 다른 부모나 교사, 지인의 사례에 귀 기울이는지에 따라 풀어내는 방식을 달리 해야 할 수도 있기 때문이다.

자신에게 무엇이 필요한지를 아는 사람은 그것을 단호하게 지킬 수 있다. 부드러우면서도 확고하게 한계를 설정하고 거절할 줄 알아야 한다. 이런 기술은 아이를 대할 때도 필요하므로 매 순간 이 기술을 연습하면서 예리하게 연마해두자.

7장

예민한 부부를 위한 이야기

부모가 되면 겪게 되는 다섯 가지 문제

어느 부부든 부모가 되면 새로운 도전을 맞이한다. 여기서 나쁜 소식은 아이가 생기면 누구나 할 것 없이 부부 관계의 만족도가 전반적으로 떨어진다는 점이다.[1] 하지만 우리가 실시한 조사에 따르면 예민한 부모라고 해서 만족도가 더 많이 떨어지지는 않았다. 우리는 설문 조사에서 '부부 관계에 얼마나 만족하는가' '배우자가 좋은 부모라고 생각하는가' '배우자가 육아 방식에 실망감을 표현하지는 않는가' 등을 물었는데, 예민한 부모의 응답은 다른 부모의 응답과 같았다. 사실 나는 예민한 부모가 몇 가지 조언을 듣는다면, 평균적으로 더 나은 부모가 될 수 있다고 믿는다. 왜 그렇지 않겠는가? 그들은 공감 능력과 직감, 성실성이 평균 이상으로 뛰어나다.

대개 아이를 기르는 부부라면 최소 다섯 가지 문제 때문에 골치가 아픈데, 예민한 부모일수록 그런 경향이 더 크다. 하지만 걱정할 필요 없다. 이번 장과 다음 장에서 각 문제점과 그에 대한 해결책을 찾아보도록 하겠다.

배우자가 얄미워진다

부부 관계에서 제가 스트레스를 받은 이유는 어린 딸들이 유난히 엄마인 저와 함께 있고 싶어했기 때문이었어요. 남편은 모유 수유를 탓하면서 일찍부터 독립심을 길러주고 싶어했죠.

어느 날 밤, 제가 끓는 물에 스파게티 면을 넣고 있을 때 어린 딸이 제 다리에 들러붙었어요. 마침 퇴근한 남편이 아이에게 같이 놀자고 했고 딸은 "싫어, 아빠는 다시 사무실에나 가."라고 대답했죠. 그러자 꽤 온화한 성격인 남편이 제게 소리를 질렀어요. "애착 육아 애착 육아 하더니 소원 성취했네!" 그러고는 문을 쾅 닫고 나가버렸죠.

그 시기를 어떻게 헤쳐 나왔냐고요? 저는 우리가 이혼하기에는 너무 피곤했다고 농담을 하곤 해요. 하지만 아이들이 다섯 살, 아홉 살이 된 지금, 저희 가족은 정말 행복하게 잘 지내고 있어요. 저희가 그동안 얼마나 어려운 시기를 헤쳐 왔는지 누구도 짐작하지 못할 거예요.

인생에 육아라는 새로운 스트레스 요인이 등장하면 예민하든 예민하지 않든 부부는 서로에게 날이 서고 짜증을 내기가 쉽다. 그리고 서로의 목소리에서 그런 기색을 느낀다. 그게 싫기는 매한가지겠지만, 조금 더 예민한 쪽이 그런 기색을 더 많이 알아차리고 스트레스를 받는다. 미묘한 것을 더 많이 포착하는 민감한 사람의 특성상 남들보다 조금이나마 더 비판적일 수밖에 없다. 배우자의 거슬리는 행동도 더 잘 알아차리기 때문이다. 하지만 더 심각한 문제는 예민하지 않은 배우자가 무슨 말을 해도 들은 체 만 체하면서 예민한 쪽을 그저 심한 잔소리꾼으로 취급할 수 있다는 것이다.

서로에 대한 실망과 원망

부부가 서로에게 실망하고 원망을 품으면 이는 오래도록 응어리로 남아 소통을 방해한다. 아이를 기르다 보면 부부 사이에 과거에 품은 원망이 되살아나기도 하고, 새로이 실망하게 되기도 한다. 예민한 사람은 무거운 얘기를 꺼내서 갈등을 만드는 일이 두렵기 때문에 자기 의견을 강하게 피력하기를 꺼린다. 그 결과 남들보다 실망도, 원망도 더 많이 하곤 한다.

배우자가 예민하지 않은 유형이라면, 부모가 되고 나서는 예전보다 더욱더 실망스러울 수도 있다. 예민한 부모는 자신의 배우자가 아이에게 세심하게 반응해서, 늘 자신이 아이 문제를 먼저 알아차리고 대응할 필요가 없기를 바랄 것이다. 어쩌면 마음을 깊이 뒤흔드는 감정과 부모로서 짊어져야 할 온갖 책임들로 힘겨울 때, 그 마음을 배우자가 알아주지 않는 것이 더 섭섭할지도 모른다.

부부가 아이를 낳기로 하거나 하나 더 낳기로 결정하는 과정도 매우 중요하다. 이런 일은 부부 중 한쪽이 다른 쪽보다 더 적극적인 경우가 많다. 만약 자신이 망설이는 쪽이었다면 지금 아이를 기르며 겪는 어려움 때문에 배우자가 크게 원망스러울 수 있다. 또 아이를 하나 더 낳고 싶었지만 결국 부부가 낳지 않기로 했다면 평생 후회가 남을지 모른다.

출산 과정은 또 어떤가? 출산 과정은 예상보다 훨씬 더 힘들었을 것이다. 임신 기간이나 유산 이후에 남편이 자신을 생각처럼 잘 보듬어주지 않았다면 섭섭함을 느꼈을 수 있다. 출산은 누구에게나 힘겹지만 예민한 사람에게는 더더욱 힘겹기에, 만약 남편이 의료진 앞에서 산모의 입장과 요구 사항을 대변해주지 않았다면 그것이 두고두고 원망스러울 것이다.

남편의 경우에는 출산 당사자가 아니라 옆에서 지켜보는 입장이기에, 출산 당일에 아내가 의료진이나 조산사에게만 의지한다면 크나큰 소외감을 느낄 수 있다. 또 출산 이후 엄마가 된 아내가 온통 아기에게만 관심을 쏟고 거기에 장인, 장모님까지 가세하면 남편은 투명 인간이 된 기분이 들지도 모른다. 이 같은 실망감을 직면하고 서로에 대한 원망을 떨쳐내기 전까지는 부부 관계가 결코 건강해질 수 없다.

육아 방식의 차이에서 오는 갈등

—— 저희 부부는 저녁 시간에 아이를 돌보는 방식이 달랐어요. 제가 예민한 딸을 돌보는 사이 아내가 예민하지 않은 아이를 재웠죠. 저는 아이가 주변을 탐색하고 간식이나 이것저것을 요구하도록 더 오래 깨어 있게 놔뒀어요. 아이가 언니와 장난감을 두고 경쟁할 필요 없이 자기가 하고 싶은 활동을 자기 속도로 할 수 있는 시간이 필요하다고 생각했기 때문이죠. 하지만 그것 때문에 아내가 바라는 취침 시간을 지키지는 못했어요. 또 딸아이가 떼를 쓰면 저는 아내보다 더 빨리 딸아이가 하고 싶은 대로 하게 해줬어요. 아이가 징징거리는 소리를 잘 참지 못하거든요.

—— 남편은 감정적으로나 신체적으로나 아이에게 훨씬 영향을 덜 받아요. 지금 무슨 일이 일어나고 있는지 알아차리지 못하거든요. 아이가 뭐가 불편한지 스스로 말로 표현을 못하다 보니, 저보다 아이의 마음을 이해하지 못하는 것 같아요. 이 문제는 부부 관계에 악영향을 미쳐요. 같은 상황을 전혀 다르게 이해하니까요.

아이를 기르는 부부는 누구나 전반적인 육아 철학을 공유해야 하며, 더불어 그 육아 철학을 기반으로 사소한 결정에도 합의해야 한다. 육아 철학은 가치관에서 시작된다. 아이가 어떤 어른으로 자라길 바라는가? 인격이 훌륭한 사람이 되길 바라는가? 출세하기를 바라는가? 자신감 있는 사람? 호기심 많은 사람? 아니면 너그럽고 다정한 사람이 되길 바라는가? 사람들과 잘 어울려서 어딜 가도 빠지지 않는 사람이 되길 바라는가? 독립심이 강한 사람, 배운 사람, 지혜로운 사람, 창의적인 사람, 영적인 사람이 되기를 바라는가? 아니면 문화적 전통을 따르는 사람으로 자라길 바라는가?

예민한 부모는 육아 철학을 배우자보다 더 깊이 생각해보았을 가능성이 크다. 그래서 어쩌면 자신은 분명한 육아 철학이 있는 반면 배우자는 그렇지 않을 수도 있다. 하지만 그래도 배우자의 생각을 들어보기 전까지는 먼저 앞서 나가고 싶지 않을 것이다. 부모가 아이를 대하는 태도가 판이하게 다르면 곤란하기 때문이다. 부부의 견해가 크게 어긋나는 때도 있다. 또는 생각을 정리하고 나니, 배우자의 견해가 자신과 다르다거나 그다지 합리적이지 않다는 생각이 들 수도 있다. 그럴 때는 서로가 충분한 대화를 통해 육아의 기본 철학을 공유하고 서로의 방식을 존중하면서 합의점을 찾아야 한다.

가사 및 육아 분담의 문제

—— 예민하지 않은 저희 남편은 제가 육아를 혼자 감당할 수 없고, 자주 휴식을 취해야 한다는 걸 처음부터 받아들이기 힘들어했어요. 지금도 이런 시간을 확보하려면 저는 계속해서 요구를 해야 해요. 하지만 전 제가 더 이상 못하겠다 싶은 상황에서도 남편은 계속해서 잘해나갈 수 있다는 걸 알죠.

부부는 공평하게 육아를 분담하고 있는지, 누가 무엇을 감당해야 하는지를 놓고 갈등을 벌이곤 한다. 부부에게 각자 집안일을 어느 정도 감당하고 있느냐고 물으면 두 사람이 말한 숫자의 합은 늘 100을 넘어선다. 배우자가 하는 일은 간과하기 때문이다. 대다수 조사 결과에 따르면 여성은 맞벌이를 하는 경우에도 남성보다 가사와 육아를 더 많이 담당했다. 남성이든 여성이든 예민한 사람은 가사와 육아를 더 많이 담당하기가 쉽다. 매우 양심적이기 때문이다. 또 혼란을 잘 견디지 못하기 때문에 정리정돈의 필요성을 더 많이 느낄 수도 있다. 그리고 세심하기 때문에 먼저 나서서 아이의 필요를 채워줄 가능성이 크다. 게다가 자기 권리를 주장하며 논쟁을 벌이기보다는 '그냥 내가 하고 말지.' 하며 체념할 가능성이 높다.

가장 중요한 문제이지만 흔히 잘 알아차리지 못하는 것이 있다. 바로 가사와 육아에서 지루하고 고된 일, 누구도 하고 싶어하지 않는 일을 부부가 공평하게 분담하고 있는가이다. "내가 책임지고 나가서 돈 벌어오잖아."라는 말로는 충분하지 않다. 집에서 집안일하고 아이를 돌보는 것은 돈을 버는 것보다 더 고되고 외로우며 상실감도 크기 때문이다. 흔히 주말이 되면 일하는 부모는 "아이들과 놀아줘야 한다."라고 말하는데 그럼 지루하고 고된 집안일은 누가 다 하는가? 이 문제는 아이들을 위해서라도 반드시 해결해야 한다. 가사 분담에서 부부가 불평등한 모습을 보이면 아이들 교육에 좋지 않기 때문이다.

줄어드는 부부 사이의 친밀감

아이가 생기면 부부가 친밀하게 보내는 시간이 줄어들기 마련이다. 부부가 함께하는 시간은 같이 할 일을 처리하고, 가족이 다 같이 보내고, 당면한 문제를 해결할 방안을 의논하고, 때로는 아이들이 커서 독립한 이후의 삶을 상상하는 시간으로 채워진다. 하지만 예민한 사람은 친밀감이나 존재감이 사라질 때 상실감을 더 절실히 느낀다. 그렇기 때문에 부부가 친밀하게 보내는 시간이 꼭 필요하다.

우리의 설문 조사에 따르면 예민한 부모는 대개 깊은 이야기를 나누고 싶어한다. 아이를 기르면서도 깊이 있는 대화를 할 수 있지만, 대화 주제가 아이들 중심으로 돌아갈 수 있다. 예민한 부모는 그런 대화만으로는 충분히 깊이 있는 이야기를 했다고 느끼지 못할 것이다.

부모가 되면 부부 사이의 친밀감을 유지하는 일은 우선순위에서 밀려날 수 있다. 자신과 배우자에게 아이가 생기기 전에 느꼈던 친밀감을 얼마나 그리워하는지 물어보자. 만약 부부 중 한 사람이라도 친밀한 시간을 잃게 돼서 너무 안타깝거나 씁쓸하다면, 또는 서로 멀어지고 있다고 느낀다면 부부 사이의 친밀감에 우선순위를 높게 부여해야 한다.

문제는 사소한 감정에서 시작된다

앞서 살펴본 다섯 가지 문제의 해결책을 다루기 전에 먼저 이런 문제가 발생하는 정서적 맥락을 살펴보려 한다. 그중 일부는 서로에 대한 실망과 원망에서 이유를 찾았다. 하지만 더 큰 그림을 봐야 한다. 아기가 태어나고 육아를 하는 동안 양쪽 부모 모두 강렬한 감정을 경험하는데 이런 감정들이 앞서 살펴본 다섯 가지 문제의 근원이 될 수 있기 때문이다.

특히 예민한 엄마는 엄청난 변화를 겪는다. 순식간에 작디작은 아기와 사랑에 빠지는 것이다. 문득 이 작은 존재와 연결되어서 영원히 아이로부터 자유로워질 수 없음을, 남은 평생 이 아이를 사랑하고 걱정하게 될 것을 깨닫는다. 엄마가 느끼는 변화에는 아이를 임신하고 품고 아이에게 젖을 먹이는 과정에서 일어나는 신체 변화도 포함이 된다. 더 나아가 직장으로 돌아가기까지 얼마나 오랜 시간을 보내든 오로지 엄마로 산다는 것은 곧 사회적 정체성의 변화를 의미하며, 엄마라는 역할은 대다수 문화에서 정규직만큼 인정받지는 못한다.

하지만 여기서는 엄마가 아니라 아빠에게 초점을 맞춰보려 한다. 왜냐하면 아빠들, 특히 예민한 아빠들이 느끼는 감정은 이해받지 못할 때가 더 많기 때문이다. 물론 이 모든 문제는 동성 부부 사이에서도 일어난다. 그들 사이에서도 육아 동반자로서 각자 맡은 역할과 성격에 따라 경험하는 감정이 다를 것이다. 나는 그중 한 사람이 일정 수준으로 맡고 있을 이 역할까지도 아빠라고 부르도록 하겠다. 다음은 어느 예민한 아빠의 경험담이다.

— 사실 아빠들도 엄마들과 똑같은 감정을 느낍니다. 우리도 똑같이 기뻐하고 아파하고 걱정하죠. 물론 아빠들이 걱정하는 대상은 다를 수 있어요. 부모마다 걱정거리는 다르기 마련입니다. 하지만 예민한 아빠라면 엄마들만큼이나 아이의 행복에 대해 많이 생각합니다. 또 아빠들도 정체성에 커다란 변화를 경험합니다. 친구들과 몰려다니던 청년이었다가 이제는 친구에게 그다지 시간을 내줄 수 없는 가장이 됩니다. 자신을 음악가나 재능 있는 예술가, 스케이트보드 챔피언이라고 소개했던 사람은

이제 자신을 아빠라고도 소개해야 하죠. 돈벌이가 되지 않는 것이면 아빠의 꿈은 한동안 뒷전으로 밀려납니다.

가장의 책임을 져야 하는 아빠는 얼른 퇴근해서 아이와 시간을 보내고 싶으면서도 더 오래 일해서 수입을 늘려야 한다는 부담을 느낄 수 있다. 엄마들도 같은 상황에 처할 수 있지만, 이런 상황에서 엄마들이 경험하는 괴로움은 아빠들이 느끼는 괴로움보다 이해를 더 많이 받는 편이다. 나는 예민한 아빠들이 직장에 가면서는 아이가 너무 보고 싶고, 집에 돌아와서는 너무 피곤해서 아쉬울 때가 많을 거라고 생각한다.

예민한 아빠는 엄마 역할을 능숙하게 해내는 아내를 보며 깊이 감동을 하고, 아이를 낳아준 아내에게 마음속 깊이 고마워할 것이다. 하지만 때로는 아내가 피곤하고 우울해하는 모습, 건강 문제로 예전과 달라진 모습을 보게 된다. 도와주고 싶은 마음에 무언가를 해보려던 차에 아내가 이미 써 본 방법이라고 말하면, 자신이 그다지 도움이 되지 않는다는 생각이 든다. 공연히 나서지 말라는 뜻인가 싶은 생각도 든다. 무엇보다 아이가 아내 인생에서 중심을 차지하면서 자신은 아내에게 더 이상 중요한 존재가 아닌 것처럼 느껴질 수도 있다. 아내와의 성생활 역시 예전만큼 친밀하지 못할 것이고, 자신이 바라는 수준에 분명 미치지 못할 것이다. 쉽게 말해서 아빠는 아내가 자신보다 아이들을 더 사랑한다고 느낀다.

예민한 아빠는 무언가를 개선하기 위한 방법을 알아차리고 능숙하게 해내는 능력을 자랑스러워하곤 한다. 그렇기 때문에 아내가 쉽게 해내는 몇 가지 일을 자신은 잘해내지 못해서 힘들어 하기도 한다. 아내의 조언이 비난처럼 들리거나 때로는 아내가 상사처럼 이래라저래라 한다는 생각도 든다. 아내가 급한 마음에 날카롭게 군다는 것을 알면서도 여전히 기분이 좋지 않다. 만약 예민한 아빠가 입을 꾹 닫고 있다면 그는 마음속에 원망을 쌓아가는 중일 것이다.

이제 다시 부모 양쪽 모두의 감정 문제로 되돌아가 보자. 아이가 학령기에 이르면 새로운 일들로 너무 바빠서 감정의 근원을 살펴볼 여유가 없을 수 있다. 부부는 아이가 학교에 가면서 늘어난 자유 시간을 어떻게 사용할지에 대해 각자 다른 꿈을 꾸고 있을지 모른다. 한 사람은 새로 일을 시작하거나 직장으로 복귀하기를 원하지만 다른 사람은 일상이 더 평화로워지기를 고대할 수도 있다. 이 시기에는 논의할 것들이 한두 가지가 아니다. 선생님이나 다른 학부모를 만날 일이 많아질 텐데 누가 이 일을 책임질 것인지, 두 사람이 함께 참석할 것인지, 어떤 마음가짐을 가져야 할지 등의 문제가 생긴다. 또 아이 학교와 또래 관계, 전반적인 육아 가치관(아이가 지켜야 할 예의, 집안일 참여도, TV 시청 및 컴퓨터 사용 시간, SNS 사용 문제, 아이와 부모 중 누가 최종 결정을 할 것인가 등)에 관해 의논할 사안이 많다. 예민한 부모는 이 모든 사안을 제대로 생각하고 논의할 시간이 부족하다고 느낄지 모른다.

그리고 마침내 부부가 합심해서 육아라는 과업을 꽤 잘해 나가고 있다는 생각이 들 때쯤 아이는 청소년이 된다. 아이가 청소년기에 이르면 예상치 못한 상황이 더 자주 발생한다. 그것은 청소년의 뇌가 대책 없이 위험을 감수하려 들기 때문일 수도 있고, 또 아이가 어릴 때는 별 것 아니던 문제가 이제 아이의 미래를 위협하는 지경에 이르렀기 때문일 수도 있다. 더 나아가 청소년이 된 아이들은 부모를 갈라놓거나 두 손 두 발 다 들게 만들지도 모른다.

이처럼 아이를 기르다 보면 어떤 부부든 이전에는 경험해 보지 못한 감정들로 인해 부부 관계에 위기를 맞이할 수 있다. 그리고 그 문제는 무심코 넘어가기 쉬운 사소한 감정들로부터 시작된다는 점을 기억해야 한다. 이제부터는 부부 관계를 개선하기 위해 무엇을 할 수 있는지 알아보자.

원활한 의사소통을 위한 방법들

지금껏 부부 관계를 건강하게 유지해 왔다면 효과적인 의사소통 기술을 어느 정도는 갖추고 있을 것이다. 다만 육아의 맹렬한 공격 앞에 그나마 갖고 있던 기술마저 자취를 감출지 모른다. 이제 그 기술들을 되살릴 때이다.

예민한 사람들은 공감 능력이 뛰어나다. 하지만 알다시피 정신없이 바쁠 때나 외부로부터 과도한 자극을 받았을 때는 이 능력을 발휘하기가 어렵다. 그래서 배우자의 마음을 알아차리지 못할 수도 있다. 또는 배우자가 느끼는 감정은 알아차리지만 그 배경까지 살피기는 어려울 수 있다. 그러므로 때때로 부부 관계의 각 단계를 돌이켜보고, 그 당시 느꼈던 감정이 여전히 남아 있는지 확인해볼 필요가 있다.

우리가 진심으로 귀 기울여 들을 때, 그것은 상대의 기본 욕구를 충족시켜준다. 인생의 어려운 시기에 사람은 누구나 온전히 이해받기를 갈구한다. 특히 누구도 자신을 알아주거나 인정해주지 않는다고 느끼는 사람에게는 경청이 마법 같은 효과를 발휘한다. 경청은 우리가 배우자에게 건넬 수 있는 가장 값진 선물이다.

경청은 배우자가 말하는 사이 그저 침묵을 지키는 것 이상의 행위가 포함된다. 배우자에게 지금 이야기를 잘 듣고 있다는 것을 보여주기 위한 좋은 방법 중 하나가 바로 적극적 경청이다. 적극적 경청을 연습할 때는 말하는 상대가 경청할 때 해야 할 것과 하지 말아야 할 것의 목록을 들고 있으면 좋다. 그러면 우리의 습관이 적극적 경청과 얼마나 거리가 먼지 깨닫고 깜짝 놀랄 것이다. 그 목록을 연습하면 할수록 경청에 능숙해질 것이다.

경청할 때 주의해야 할 것들

- 배우자의 감정을 반영한다. "상심이 정말 컸나 보네요." 말이나 비언어적으로 드러난 감정을 언급한다.
- 비언어적으로도 관심을 드러낸다. 배우자 쪽으로 몸을 기울

이고 바라본다. 배우자가 중요한 이야기를 할 때는 무슨 일이든 하던 일을 중단하고 듣는다.

- 스스로 이해한 바를 비유적으로 표현한다. "외딴 섬에 혼자 버려진 듯한 느낌이었나 봐요." 때로 메타포는 감정을 언어로 포착하는 최고의 수단이다.
- 자신이 잘못 이해했을 때는 유연하게 대처한다. 예를 들어 배우자가 "외딴 섬에 버려진 게 아니라 그냥 죽은 사람이 된 것 같았어요."라고 대답할 수 있다. 그럴 때는 여러분이 옳다고 주장하기보다 얘기를 듣는다. 그러면 배우자는 여러분이 그저 돕고 싶어한다는 것을 알 수 있을 것이다.
- 배우자가 속마음을 전부 털어놓지 않았다고 느낀다면, "더 하고 싶은 얘기 없어요?"라고 묻는다. 특히 남성들은 자신의 속내를 드러내기를 두려워할 수 있다. 따라서 몸짓으로 이야기해도 괜찮다는 뜻을 표현해야 한다. 자신의 감정을 예민한 사람만큼 빨리 알아차리지 못하는 사람도 있다.

경청할 때 피해야 할 말들

1. 배우자를 어떤 감정에서 벗어나게 하려고 하는 말: "죄책감을 느낄 필요는 없어요."
2. 자기 경험을 들먹이는 말: "그 사람은 나한테도 딱 그렇게 했는데, 난 죄책감을 느낄 이유가 전혀 없다고 봐요."

3. 무언가 일깨우려는 듯한 이야기: "부모의 이혼은 자녀의 삶에 커다란 영향을 미치죠."
4. 상투적인 말이나 상황을 일반화하는 말: "시간이 약이죠." "삶은 고달픈 거예요."

경청을 할 때는 되도록 질문하지 않는다. 왜냐하면 주의가 분산되는 데다 때로는 배우자가 특정 감정을 느껴야 했다는 인상을 줄 수 있기 때문이다. 질문이 도움이 되는 경우도 있지만, 질문은 경청의 일부로 보기 어렵다. ("더 하고 싶은 얘기 없어요?"는 예외) 적어도 상황 전체를 이해하고 배우자가 의견을 듣고 싶어 하기 전까지는 조언하지 않는다. 예민한 사람이 경청에서 가장 크게 실수하는 부분이 바로 자신이 해결책을 이미 알고 있다고 생각하거나 알아낼 수 있으리라고 생각하는 것이다. 상황보다 직감을 앞세우지 말아야 한다. 배우자의 생각과 감정을 진정으로 이해하기까지는 순수하게 공감에 집중한다. 얕은 지식을 바탕으로 그럴싸한 말을 하면 상대는 너무 성급하게 여러분의 의견에 동의하거나, 여러분이 자신을 제대로 이해하지 못한다고 화를 낼지도 모른다. 끝까지 경청해야 복잡한 문제의 실상을 이해할 수 있다. 설사 여러분이 상대보다 더 많이 알고 있다고 생각할지라도 해결 방법을 설명하기 전에 먼저 경청한다면, 상대는 여러분이 진지하게 오랜 시간 경청할 만큼 자신을 중요하게 여긴다는 점을 알 수 있을 것이다. 그러고 나서 두 사람의 생각을 모두 고려해서 함께 생각을 정리해야 한다.

누구나 완벽할 수는 없다. 나는 내가 꽤 괜찮은 상담사라고 생각하지만, 가끔은 세심하게 경청하기보다 예리한 직감을 앞세워서 일을 그르치곤 한다. 나는 난생처음 아이 통잠 재우기에 성공한 어느 엄마에게 이렇게 물었다. "기분이 어떠셨어요? 드디어 해냈다는 생각에 엄청나게 기쁘셨을 것 같아요. 하지만 다시 성공하지 못할까 봐 걱정도 되셨을 거고요. 또 이렇게 오래 걸려서 슬프기도 하셨겠죠, 그렇죠?" 나는 그 엄마에게 자신이 느낀 감정을 이야기할 기회를 주지 않았다는 사실을 너무 뒤늦게 깨달았다. 적극적 경청은 금처럼 귀하다.

이야기를 끊지 않고 주의 깊게 경청하는 것은 예민하지 않은 배우자에게 특히나 더 도움이 된다. 남편의 이야기를 듣다 보면 나는 남편이 무심코 한 이야기가 중요하다는 점을 알아차리곤 한다. 그럴 때면 그저 그 이야기를 강조해주는 것만으로도 남편에게 큰 도움이 된다. 그러면 무엇이 문제였는지, 그리고 그 문제가 왜 남편에게 중요했는지가 드러날 때가 많다. 하지만 나는 내 직감을 활용해서 남편을 너무 많이 돕지 않도록 조심한다. 우리 두 사람 모두 마음속 깊이 숨어 있는 감정과 통찰이라는 보물을 마지막에 끄집어내는 사람이 자기 자신일 때 만족감을 더 크게 느끼기 때문이다.

갈등에 대처하기

가끔은 배우자의 감정에 공감하고 싶지 않은 순간이 있을 것이다. 배우자 때문에 너무 화가 나고 마음이 쓰라릴 때는 그 사람에게 공감하기가 더 어렵다. 그렇다면 배우자의 말을 경청하기 전에 자신이 겪고 있는 갈등을 먼저 이야기해야 한다. 부부가 겪고 있는 갈등을 모두 해결할 수는 없겠지만, 갈등 해소 기술을 갖출수록 부부 관계는 더 좋아질 것이다. 인터넷에도 부부 갈등을 해소하기 위한 좋은 방법들이 소개되어 있지만 여기서는 예민한 부부에게 도움이 될 만한 조언 몇 가지를 덧붙이고자 한다.

배우자가 나보다 덜 예민한 사람이라면

부부 갈등을 언급하기 전에, 먼저 자기 자신이 가진 민감성의 가치를 돌이켜봐야 할지 모른다. 여러분이 육아를 다른 80퍼센트의 부모들보다 더 어렵다고 느끼고 있거나 자극을 과도하게 받는 특성이 부부 문제의 새로운 화두가 되었다면 말이다.

그럴 땐 여러분의 민감성이 부부 관계에 기여하는 측면을 떠올려본다. 또 자신이 육아라는 새로운 상황 속에서 아이에게 세심하게 반응하며, 아이와 놀거나 아이를 가르칠 때 창의적이고 신중하기 때문에 좋은 결정을 내릴 때가 많다는 점 등을 떠올려본다. 자기가 지닌 가치와 지혜를 자신이 확신하지 못하면 배우자에게도 확신을 줄 수 없다.

아마 무슨 문제든지 문제를 제기하는 쪽이 예민한 사람인 경우가 많을 것이다. 감정이 격양될 수 있지만, 이제 부모가 된 이상 어느 정도 단도직입적으로 문제를 제기할 줄 알아야 한다. 앞으로 부부가 함께 의논해야 할 일이 많고, 부부 중 예민한 사람의 조언과 감이 중요하기 때문이다. 따라서 흥분하지 말고 차분하고 품위 있는 태도를 유지하며 이야기하도록 노력하자. 머릿속으로 자기 견해를 뒷받침할 논거와 배우자가 반박하는 말에 어떻게 대응할지 미리 생각해보는 것도 도움이 된다.

반면 예민한 사람이 지나치게 단도직입적이고 대립을 일삼는 경우도 있다. 이들은 배우자를 비롯한 자신보다 덜 예민한 사람들의 실수로부터 아이들을 보호해야 한다며 배우자를 무섭게 몰아세운다. 여러분은 배우자의 마음을 상하게 하는 방법을 잘 알고 있음을 기억해야 한다. 그렇게 해서 얻는 것이라고는 배우자의 신뢰를 잃는 것 밖에는 없다.

'당신'이나 '나'보다는 '우리'라고 말하도록 노력한다. 함께 아이를 기르는 모든 관계는 협동을 목표로 해야 한다. 누구도 소외당하거나 비난당해서는 안 된다. 협동할 때는 협상의 기술이 필요하다. 배우자가 지금 이야기하고 있는 주제에서 벗어난다고 해도 새로 언급한 주제를 묵살하지 말고 배우자를 존중하자. 그것이 내가 배우자에게 존중받기 위한 최선의 길이다.

사실 예민한 사람과 예민하지 않은 사람은 부부로서 최고의 파트너가 될 수 있다. 각자가 부부 관계와 육아에 기여할 수 있는 부분이 다르기 때문이다. 어쩌면 지금은 나와 다른 배우자와 사는 이점을 돌이켜볼 때인지도 모른다. 서로의 차이를 받아들이고, 그 차이에서 얻는 것을 기뻐하고 잃는 것은 애도하자. 바꿀 수 없는 타고난 기질을 서로 탓하지 않는다면, 갈등을 해소할 독창적인 방법을 찾을 수 있을 것이다.

배우자도 예민한 사람이라면

배우자도 예민한 경우에 갈등은 미묘해진다. 두 사람 다 배우자에게 잘해주고 싶지만 휴식 시간이 필요한 건 매한가지다. 그래서 첫 번째 갈등 요소는 바로 '누구에게 휴식 시간이 더 필요한가?'이다. 나가서 일하는 사람인가, 아니면 집에서 아이를 보는 사람인가, 만약 두 사람 모두 일을 한다면 어떻게 휴식 시간을 확보할 것인가. 두 사람 모두 자녀 양육에 대한 견해가 확고하고, 아이에게 일어나는 일을 직감적으로 서로 다르게 이해하고 있을지도 모른다.

또 자신의 민감성에 양가감정을 가지고 있다면, 부부가 서로를 비교하면서 배우자를 은근히 낮출 수 있다. 또 두 사람이 모두 내향적이라면 그게 아이에게 부정적인 영향을 미치지는 않을지 걱정스러울 수도 있다. 두 사람 모두 소풍이나 축제, 운동회 같이 북적거리는 학교 행사에는 참여하지 않고 싶을 것이다. 그러면서도 선생님이나 다른 학부모들의 곱지 않은 시선에 아이가 영향을 받지 않을까 걱정하기도 한다. 또 예민한 사람들은 의미 있는 직업을 택하려 하고, 의미 있는 일은 보수가 늘 좋지는 않기 때문에 가족의 수입이 적은 편에 속할지 모른다. 이 모든 요소가 합해져서 가족의 자존감이 낮아질 수도 있다.

만약 부부가 여태껏 갈등을 회피해왔다면, 이제는 아이를 기르면서 쌓여온 원망, 그리고 삶의 방식과 가치관의 차이를 마주해야 한다.

갈등 해소를 위한 여러 가지 방법들

• **부드럽게 말문을 열어본다**

존 가트맨John Gottman은 부부 수백 쌍이 대화하는 장면과 생리 변화를 관찰했다.[2] 그는 아내가 "여보, 우리 얘기 좀 해요." 같은 말을 할 때 남편의 각성 수준이 크게 치솟는다는 것을 발견했다. 그러니 이야기를 하기 전에 단도직입적으로 할 말이 있다고 선전포고하기 보다는 부드럽게 말문을 열도록 하자. "당신 요즘 어때요?"라고 최대한 상냥하게 질문을 하고, 상대의 말을 최선을 다해서 경청하자.

• **방해받지 않을 만한 시간과 장소를 찾는다**

자연 속에서 이야기를 나누는 것도 도움이 된다. 자연은 특히 예민한 사람에게 평정심을 가져다준다.

• **끈질기게 대화를 시도한다**

지금 당장 대화를 이어가기 힘들다면 마음속에 자리한 그 문제 때문에 고통스러우니 나중에 따로 시간을 내서 그 문제를 꼭 의논해야 한다고 말한다. 그리고 잊고 넘어가지 않도록 한다.

• **최대한 구체적으로 말한다**

"우린 이제 마음이 통하지 않는 것 같아요."라는 식으로 문제를 일반화해서는 안 된다. 과거사를 언급하는 것도 일반화의 일종이므로 금물이다. 대신 "아까 집에 들어서면서 왜 그랬는지 우리 이야기 좀 해요. 사소한 일인지 모르겠지만 그게 계속 마음에 걸리거든요."처럼 구체적으로 생각을 얘기한다.

• **인신공격을 하거나 진단하지 않는다**

그러면 대화가 반드시 다른 길로 벗어나고 만다. "당신은 지나치게 강박적이에요." "그건 당신 엄마한테서 배운 거죠." "너저분한 건 천성이에요?" 같은 말은 피한다.

- **한 사람이라도 흥분했다면 잠깐 대화를 중단하고 쉰다**

  맥박수가 100회를 넘어갔다면 적어도 20분은 쉬어야 회복될 것이다. 대화를 그냥 끝내지는 말고 언제 대화를 다시 이어갈지 확실히 정해둔다.

상대방의 욕구를 읽어주기

앞서 6장에서 수치심을 다뤘던 내용을 떠올려보자. 사람은 누구나 수치심을 느끼지 않기 위해서 할 수 있는 모든 일을 한다. 부부는 함께 살기 때문에 서로에 대해 그 누구보다 더 잘 안다. 그렇기 때문에 여러분이 갈등 상황을 수면 위로 꺼낼 때, 배우자는 자신의 오랜 결점이나 괴로운 과거까지 언급될지도 모른다는 생각에 대화를 회피할 수 있다. 그럴 땐 이 대화가 배우자를 수치스럽게 만들려는 것이 아님을 명확히 해두고 공격하려는 의사가 없음을 밝힌다.

때로 배우자가 현재 상태에 만족해서 대화를 하지 않으려 드는 경우도 있다. 지금 여러분이 더 많은 일을 감당하고 있다면 배우자가 도대체 왜 가사를 평등하게 분담하는 문제를 의논하고 싶겠는가? 이런 상황에서도 배우자를 직접적으로 비난하기보다는 그 행동에 숨겨진 욕구를 드러낼 때 협조를 이끌어내기가 쉽다.

먼저 상대의 욕구를 이야기하면서 대화를 시작해본다. 이는 앞서 5장에서 언급했던 마셜 로젠버그의 비폭력 대화 원칙이다.[3] 우리는 모두 인간의 기본 욕구(안전의 욕구, 자율성의 욕구, 사랑의 욕구, 존중의 욕구, 수치심을 피하고 싶은 욕구)에 영향을 받는다. 배우자가 어떤 행동을 하든지 그 뒤에는 그와 관련된 욕구가 있다.

배우자의 욕구를 어떻게 알아낼 수 있을까? 연습이 필요하지만 대략적인 방법은 다음과 같다. "당신이 집에 오자마자 이메일을 확인하는 건, 나와 대화하거나 집안일을 돕기 전에 일을 끝내야 해서 그런 거예요?"라고 묻는다. 여러분은 배우자에게 자기 욕구가 무엇인지 알아보라고 제안을 한 셈이다. 배우자는 여러분이 그 문제로 또다시 다짜고짜 화를 내지 않아서 놀라워할지도 모른다. 이때 욕구는 말로 표현하기가 쉽지 않기 때문에 배우자가 실제로 원하는 것이 무엇인지 확실히 해두어야 한다. 만약 배우자가 "업무 때문에 연락하는 거로는 잔소리하지 말아줘요."라든가, 혹은 "당신도 그러잖아요."라고 대답한다면 배우자의 욕구가 제대로 표현되지 않은 것이다. 하지만 "업무를 마무리 지어야 했을 뿐이라고요."라는 대답이 나온다면, 배우자의 욕구에 한 걸음 다가간 셈이다.

그렇다면 일을 서둘러 끝내야 할 이유는 무엇일까? 어쩌면 그저 직장에서 가정생활로 매끄럽게 넘어오지 못하고 있을 뿐이며, 자신이 어떤 행동을 하든 배우자가 화를 낼까 봐 두려워하고 있을지도 모른다. 또는 직장에서 인정받지 못하거나, 맡은 일이 실패해서 문책 당할까 봐 걱정하고 있을지도 모른다. 아니면 자기 몫의 집안일을 했는데 인정을 받지 못하고 있다고 느낄 수도 있다.

배우자가 여러분에게 협조하지 않으려 든다면 그 바탕에는 자기 개성을 존중받고 싶은 욕구가 있을 확률이 높다. 인간은 안정적인 집단에 속하면서도 자율적으로 행동하고 싶은 기본 욕구가 있다. 여러분은 시키는 대로 행동하는 배우자가 아니라, 때로는 혼란스러워도 사랑하는 가정을 지키려고 자발적으로 행동하는 배우자를 원하지 않는가? 배우자에게 지시하는 말이나 강요를 많이 하는 편이라면 앞으로는 배우자의 이야기를 좀 더 들어주자.

일단 배우자의 이야기를 충분히 들은 후에 여러분이 느끼는 기본 욕구를 표현한다. "나는 이 시간에는 도움이 필요해요. 저녁을 준비하면서 아이들을 돌보기가 너무 힘들거든요." 그러고 나서 두 사람의 욕구를 함께 충족시킬 방법을 찾아본다. 예컨대 배우자가 퇴근 후에 일을 마무리하도록 10분의 여유를 주고, 그 이후로는 아이들의 취침 시간까지 함께하기로 할 수 있다.

갈등을 예방하는 방법의 하나는 한 인간으로서 또는 부모로서 행복해지기 위해 자신에게 무엇이 필요한지를 생각해보고, 가능하다면 배우자가 그것을 들어주리라고 생각하는 것이다. 이때 '당신'이라는 말은 언급하지 않고 자신의 욕구만 언급해야 한다. 불평이나 요구처럼 들리면 배우자가 방어적인 태도로 변할 수 있기 때문이다.

또 배우자의 마음이 요즘 어떤 상태인지 물으며 어떤 욕구가 있는지 살핀다. 다시 말해서 상대방에게 먼저 공감해본다. "그렇지만……"이라고 말하며 계속해서 논쟁을 벌이고 상대를 몰아붙인다면, 그것은 상대에 대한 존중이 아니라 상대를 통제하려는 마음임을 명심하자.

부부 중 한 사람이 방어적인 태세를 취하거나 화가 치솟는 순간이 있을 것이다. 이는 배우자가 수치심이라는 공에 얻어맞고 그 공을 다시 되던지려는 것과 같다. 배우자와 똑같이 반응할 필요는 없다. 수치심이라는 공을 내려놓는 가장 좋은 방법은 "맞아요, 나도 그럴 때가 있어요."라고 공감하거나 자신에게도 잘못이 있다면 인정하는 것이다.

마지막으로, 배우자가 여러분의 이야기를 계속해서 경청하고 있다면 두 사람이 현재 상황을 개선하기 위해서 무엇을 어떻게 실천할지 합의하고, 그 방안을 지키는 것을 목표로 삼는다. 지키지 못했다면 단호해져야 한다. "당신이 퇴근할 때 내가 따뜻하게 맞아주지 않는다면, 그렇다고 이야기해줘도 괜찮아요. 그 대신 나도 그렇게 해도 괜찮죠? 사소한 문제처럼 보일지도 모르겠지만, 그런 게 저녁 시간 내내 집안 분위기에 영향을 미친다고 생각해요. 물론 사무실에서 일하랴 출퇴근하랴 스트레스 속에서 집에 돌아오는 과정이 당신에게도 만만치는 않을 거예요. 그렇지만 나 역시 온갖 집안일을 혼자 처리하다 보면 스트레스가 쌓여요." 그러고 나서 다시 서로 간의 약속이라는 목표로 되돌아간다. "하지만 서로 따뜻하게 인사를 나누려고 노력하면 상황이 나아질 수 있다는 점에는 동의하는 거죠? 그렇다면 서로 조금 더 노력해보기로 해요."

만약 배우자가 습관적으로 약속을 어긴다면 적절한 타이밍에 '나'라는 주어를 넣어서 말문을 연다. "나는 당신이 한 말을 행동으로 옮기지 않으면 무척 실망스럽고, 당신을 존중하기가 어려워요." 이때 "당신이 약속을 어겼잖아요."라는 표현은 쓰지 말아야 한다.

부부가 대화하는 순간만큼은 생각하고 있는 그대로를 솔직하게 말한다. 이런 상황에서 굳이 승패를 따져본다면, 연약한 감정을 인정하는 자세가 우리를 패자가 아닌 승자로 만들어준다. 부부 관계에서 얻을 수 있는 승리란, 수치심이나 죄책감을 모면하기 위해 서로 방어적인 자세를 취하는 것이 아니라 배우자와 나누고자 하던 따스한 친밀감에 한 걸음 다가가는 것이다.

말없이 경청하기 Silent Listening

갈등의 골이 깊어서 해결책이 도무지 보이지 않을 때는 '말없이 경청하기'를 활용하자. 대다수 배우자는 드디어 자기 속내를 털어놓을 기회가 왔다는 생각에 기꺼이 이 과정에 동참할 것이다. 이 방법은 '말없이 경청한다'는 규칙을 지키기만 하면 효과가 굉장히 좋다. 억지로라도 타인의 속내를 온전히 듣고 곰곰이 되짚다 보면 생각이 바뀔 수 있다. 하지만 이 과정을 여러 번 반복해야 할 수도 있다. 우리 부부는 이 과정을 몇 달에 걸쳐 반복한 끝에 갈등을 풀 수 있었다.

말없이 경청하는 방법

1. 한쪽이 5분쯤 이야기를 하는 동안 다른 쪽은 아무리 상대의 말에 동의할 수 없다고 해도 이야기를 끊지 말고 계속해서 듣는다. 이야기를 끊지 않는 것이 가장 중요하다. 입을 꾹 다물고 아무 말도 하지 않아야 한다.
2. 단, 이야기를 들으며 나중에 자기가 하고 싶은 말을 잊지 않도록 할 말을 적어두는 건 괜찮다. 처음 듣는 이야기가 나왔는가? 동의하기 어려운 내용이 있는가? 적어두자. 필요하다면 자신이 적을 동안 잠깐 이야기를 멈춰달라고 부탁한다.
3. 앞서 들은 말을 정리하기 위해 잠시 침묵하는 시간을 갖는다.

그러고 나서 역할을 바꾼다.

4. 두 사람이 똑같이 이야기하는 시간을 보냈다면, 이번에는 번갈아가며 상대방의 이야기에 자기 생각을 말한다. 이때도 조용히 듣기만 한다. 말하는 시간은 2분으로 제한한다.
5. 이후에는 아무 말도 하지 않는다. 각자 혼자서 생각해보고 30분 후에 다시 만나기로 한다. 30분 뒤에는 이야기를 조금 나눠봐도 된다. 갈등이 여전히 남아 있다면 이 과정을 되풀이할 날짜와 시간을 함께 정해놓는다.
6. 만약 배우자가 할 말이 남아 있는 듯하면, "더 할 얘기는 없어요?"라고 물어봐도 좋다. 예민한 배우자를 둔 사람들은 배우자가 자기가 하는 말을 감당하지 못할까 봐 걱정하기도 한다. 그렇지 않다는 뜻을 내비치도록 한다.

'적극적 경청'과 '말없이 경청하기'는 부부 간 갈등을 해결하는 좋은 방법이지만, 서로 자기 생각을 솔직하게 말하지 못한다면 도리어 위험할 수 있다. 배우자는 여러분의 속마음을 이해했다고 생각하고서는 그에 따라 행동할 것이기 때문이다. 그런 일이 벌어지면 배우자에게서 점점 더 멀어지고 절망감을 느낄지도 모른다.

만약 배우자가 여러분의 이야기를 기꺼이 들으려고 하는데도 여러분이 속내를 솔직하게 드러내지 못한다면, 대화 주제를 '왜 나는 내 생각을 배우자에게 솔직하게 말하지 못할까?'로 바꿔야 한다. 아니면 심리 치료사나 상담사 또는 부부 관계 전문가 앞에서 이야기해보는 것도 좋다.

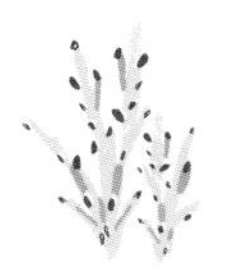

누구나
콤플렉스가 있다

누구에게나 우리가 콤플렉스라고 부르는 것이 있다. 콤플렉스는 인생에서 중요한 것들과 관련된 생각, 감정, 두려움, 본능, 꿈, 그리고 그 외에도 온갖 것이 들어 있는 보따리와 같다. 예를 들어 돈, 권위, 사회적 거부, 음식과 식사, 성별 등등 다양한 콤플렉스를 가진 사람들이 있다. 때로는 배신을 경험하고 극심한 질투심에 시달리거나, 어린 시절에 희생자 역할밖에 할 수 없어서 희생자 콤플렉스에 시달리는 등 꽤 구체적인 경우도 있다.

콤플렉스는 우리의 성격을 구성하는 자연스러운 구성 요소이며, 우리가 살아온 내력과 타고난 기질에 의해 형성된다. 콤플렉스가 꼭 부정적인 결과로 이어지는 것은 아니다. 콤플렉스 덕에 가족을 부양하는 역할을 감당해내거나, 배우자에게 온전히 신의를 지키거나, 절약 정신이 강하거나, 약자의 편에 서는 사람이 될 수도 있다. 그렇지만 이런 긍정적인 결과도 콤플렉스에 사로잡힌 결과이지 스스로 선택한 결과라고 볼 수는 없다.

아이를 기르다 보면 과거 자신의 부모와의 관계에서 비롯된 콤플렉스가 고개를 내미는 경우가 많다. 양육자와의 애착 역사는 누구에게나 있기 마련이다. 이러한 애착 문제를 해결하지 않는 한 그 영향은 평생토록 지속된다.

아동기의 경험이 성인기에 영향을 미치는 '애착 유형'에는 세 가지가 있다. 그중 하나는 안정 애착이고, 나머지 둘은 불안정 애착 유형으로, 이것은 각각 불안형과 회피형으로 나뉜다. 불안형 애착은 어린 시절 일관성 없는 사랑을 받은 결과로 형성되며, 애착 유형이 불안형인 사람은 어린 시절부터 성인이 되어서까지 버림받거나 배신당할까 봐 두려워한다.

회피형은 어린 시절 방임이나 학대를 경험한 결과로 형성될 때가 많으며, 타인에게 의존하는 것을 두려워한다. 그들에게 의존성은 곧 취약함을 의미하기 때문이다. 애착 유형이 회피형인 사람은 자기 충족적인 삶을 지향하며, 겉보기에는 '강하고 말이 없는 유형'으로 보일지 모르나 내면은 불안해서 사람들과 거리를 두려고 한다.

부모의 애착 유형은 아이에게 수면 교육을 하거나, 아이를 어린이집에 맡길 때 아이가 얼마나 오래 울도록 내버려 둘 것인가와 같은 문제에 영향을 미칠 수 있다. 애착 유형이 불안형인 부모는 아이가 울면 전전긍긍하는 반면, 회피형인 부모는 "울다가 지치면 그치겠죠."라고 말한다. 만약 여러분이나 배우자에게 애착 문제가 있고 그것이 부부 관계나 육아에 영향을 미친다는 생각이 든다면, 애착 이론에 바탕을 둔 정서중심 치료나 정서중심 부부 치료를 하는 치료사를 찾아가는 것이 가장 좋다. 또는 관련 서적을 찾아서 읽어보는 것도 도움이 된다.[4]

트라우마는 대체로 콤플렉스를 형성한다. 예를 들어, 여러분의 배우자는 예산이 빠듯해서 선물을 제한하거나 부모가 아파서 아이가 집안일을 도와야 하는 등 어린 시절 약간의 어려움은 아이에게 유익하다고 생각할 수 있다. 반면 여러분은 극심한 가난을 경험했기 때문에 아이들이 어린 시절을 편안하게 보내야 한다고 단호한 입장을 취할지 모른다. 부부의 콤플렉스가 서로 갈등을 빚는 경우도 많다. 아이에게 공부를 어느 정도로 강요할 것인가? 여러분의 배우자는 어린 시절 학습 장애가 있었기 때문에, 아이가 공부를 아주 잘해야 한다고 생각하는 반면, 여러분은 어린 시절 부모님으로부터 학업 스트레스를 너무 많이 받았기 때문에 아이를 그런 압박감으로부터 꼭 지켜주고 싶을지도 모른다. 그렇다면 콤플렉스가 있는지 어떻게 알 수 있을까? 다음은 콤플렉스의 다섯 가지 징후이다. 배우자의 상태를 진단해보고 신중하게 접근하는 방법을 알아보자.

1. 지나치게 합리화하는 태도
2. 상대방의 얘기를 부인하며 자신이 절대적으로 옳다고 고집하는 모습
3. 극단적인 결과를 얘기하는 버릇
4. 논리에 맞지 않는 이상한 비난
5. 1인 연극 속에 나오는 배신당한 사람이 된 듯한 행동을 하며 상대방을 무신경한 사람, 가정에 재앙을 몰고 오는 사람 취급하는 행동

배우자가 콤플렉스에 빠져 있다면

- **논쟁하지 말고 말려들지 않는다**

적절한 시기가 올 때까지 기다리며 배우자를 관찰한다.

- **자기혐오처럼 명백한 사실이 아닌 말에는 동의하지 않는다**

상대의 말에 귀를 기울이면서도 여러분의 생각을 고수해야 한다. 너무 말없이 듣고만 있지 않는다. 상대에게 몇 가지 질문을 하면서 잘못된 추측으로 넘어가지 않도록 만들자.

- **배우자의 좋은 점을 떠올린다**

지금은 콤플렉스에 빠진 모습만 보이고 그와 관련된 갈등이 잦지만, 배우자에게는 좋은 점도 많을 것이다. 콤플렉스는 부

부가 함께 해결해가면 된다. 지금은 배우자의 나약한 면을 보듬어줄 때이다. 배우자가 콤플렉스 때문에 수치심을 느낄 때는 부드럽게 지지해준다.

- **방어적인 태도에 영리하게 대응한다**

수치심이라는 공을 되던지지 말고 이렇게 말해보자. “당신은 우리 둘 중 하나가 잘못을 했다고 못을 박고 싶은가 봐요.” 그러고 나서 이렇게 덧붙일 수도 있을 것이다. “누구 잘못인지 가려내려하지 말고 그냥 앞으로 이런 일이 생기지 않게 하려면 어떻게 해야 할지 생각해보는 게 어때요?”

- **배우자에게 과거의 경험을 묻는다**

그러다 보면 콤플렉스의 뿌리에 닿을지도 모른다. “아버지가 엄청 엄하셨죠? 내가 피트를 심하게 훈육하려 할 때 당신이 화가 날 법도 하네요.” 배우자의 콤플렉스를 제대로 이해하고 난 다음에는 거기에 이름을 붙인다. 무자비한 아버지의 이름이 해럴드라면, 다음번에 배우자의 콤플렉스가 나타났을 때는 “우리가 해럴드의 영역으로 들어간 건 아닌지 궁금하네요.”라고 말함으로써 배우자로 하여금 문제의 근원을 떠올려보게 할 수 있다.

- **배우자에게 자신의 이야기를 털어놓는다**

  이 과정을 통해 누구에게나 콤플렉스가 있음을 알려줄 수 있다. 예를 들어 "피트가 놀이 약속이 적다고 느낄 때면 내가 걱정하는 거 알죠? 그럴 때 나는 6학년 시절 외톨이였던 내 모습을 떠올려요."

콤플렉스는 아이를 기르는 도중에 생기기도 한다. 부부 중 한 사람이 상대를 깊이 실망시키는 경우도 그중 하나다. 예를 들어 나는 가사 분담이 너무 불공평하다고 생각하는데 배우자는 거기에 동의하지 않을 때 피해자 콤플렉스가 생길 수 있다. 하지만 이처럼 새로 생기는 경우보다는 원래 있던 피해자 콤플렉스가 되살아나면서, 부담을 많이 지고 있는 사람이 자기 목소리를 내지 못하는 일이 더 많다. 자신과 배우자의 콤플렉스를 떠올려보면서 다음 장을 읽어보자. 다음 장에서는 이번 장 후반부에서 다룬 해결책을 이번 장 전반부에서 소개한 다섯 가지 문제에 적용해보려 한다.

8장

행복한 육아를 위한 부부 관계 개선법

무례한 태도로 대하지 않기

부부가 서로 쏘아붙이거나 무례한 태도를 보일 때는 대개 피로, 성장 환경, 배우자에 대한 원망과 같은 세 가지 이유가 원인으로 작용한다. 예민한 부모라면 첫 번째 원인에 대해서는 잘 알고 있을 것이다. 이들은 자극을 과도하게 받아서 지치면 자제심을 잃는다. 여러분이 피곤하면 짜증스러워진다는 것을 배우자가 알고, 피곤한 기색이 있을 때는 재빨리 휴식을 취할 수 있도록 도와주는 것이 좋다.

무례한 태도의 원인이 성장 환경인 경우는 문제를 해결하기가 조금 더 어렵다. 가족들이 서로 끊임없이 말다툼을 벌이고 서로 이래라저래라 하면서 무례하게 구는 가정에서 자라났다면 오랜 습관을 버려야 한다. 부부가 모두 그런 가정에서 자랐거나 한쪽이 다른 쪽에게 배워서 서로 무례하게 행동한다면, 모범을 보여줄 사람이 없기 때문에 문제를 해결하기가 더욱 힘들다. 하지만 부모가 행동을 개선하지 못하면, 아이들은 부모와 마찬가지로 자기 감정을 통제하지 못하는 짜증스럽고 무례한 사람으로 자라고 말 것이다.

잘못된 습관 고치기

성장 환경에서 비롯된 습관을 깨려면 먼저 강력한 동기부여가 이뤄져야 한다. 동기 강화 상담Motivational Interviewing이라고 불리는 과정에서는 다음 네 가지 사항을 살펴본다. 현재 행동을 지속할 때 나타날 부정적인 결과와 긍정적인 결과, 그리고 현재의 행동을 그만둘 때 나타날 부정적인 결과와 긍정적인 결과이다. 동기 강화 상담법은 정식으로 상담을 받아보지 않아도 그 요령이 무엇인지 감이 잡힐 것이다. 무례한 습관을 고치려면 이처럼 자기 습관을 다각도에서 살펴봐야 한다.

오랜 습관은 고치기가 어렵다. 습관을 고쳐야겠다는 결심이 섰다면 부부가 서로 도와야 한다. 각자 배우자가 고쳤으면 하는 습관을 고른다. 그리고 부부가 서로의 습관을 상기시켜준다. 예민한 사람에게는 이 정도만으로도 효과적인 경우가 많다.

그밖에 보상과 처벌을 사용하는 방법도 있다. 예를 들어 봉

투를 하나 마련해서 부부 각자가 자유롭게 사용할 수 있는 상금을 보관한다. 그 옆에는 유리병을 놓고 옛 습관이 도질 때마다 일정 금액을 병으로 옮겨서 그 돈을 기부하거나 저축한다.

마치 다른 집을 방문한 손님처럼 행동하는 방법도 있다. 식기세척기를 비우고 식기를 정리하는 것처럼 지극히 평범한 일이더라도 도움을 준 사람에게 고맙다고 말하는 것이다. 만약에 누군가를 불편하게 하거나 실망을 안겨주었다면, 고의가 아니더라도 사과한다. 그저 기본 예의를 지키는 것이다. 가깝고 편한 사이라는 이유로 상대방의 배려와 친절을 당연하게 받아들이지 않도록 노력하자.

서로에 대한 실망과 원망 바로잡기

만약 부부가 서로에게 크나큰 실망을 안겨주었다면 바로잡아야 한다. 부부 사이의 실망과 원망의 중심에는 지키지 않은 약속이 있는 일이 많기 때문에 이 문제는 반드시 짚고 넘어가야 한다. 자기가 내뱉은 말을 실천하지 않는 사람은 존경하기 어렵고, 존경할 수 없는 사람을 사랑하기란 불가능하다.

때로는 배우자가 약속을 어긴다는 생각이 들더라도 뭔가 오해가 있는 것 같다는 식으로 표현해야 할 필요가 있다. 과거의 옳고 그름을 따지기보다는 앞으로 부부가 서로를 존경할 수 있도록 차분하게 행동하는 일이 더 중요하기 때문이다. 그리고 자신도 배우자에게 실망을 안겨주었을지 모른다는 점을 기억하도록 한다.

먼저 부부가 서로 무언가를 약속한 적이 있다는 사실에 동의해야 한다. 동의하지 못한다면 서로 오해가 있었다고 봐야 한다. 한 사람이 그런 약속을 한 적이 없다고 생각한다면, 다음번에는 서로가 무엇을 굳게 약속했는지 더 명확하게 소통하도록 노력해야 한다.

예민한 사람은 어떤 면에서 배우자에게 실망을 안길까? 배우자는 예민한 사람이 매사에 자신보다 스트레스에 더 취약한 점이 실망스러울 수 있다. 만약 예민한 쪽이 집에서 아이를 돌본다면, 도움을 많이 받아야 할 것이고 비싼 비용을 써야 할 수도 있다. 반대로 직장에 복귀하는 경우, 배우자가 기대하는 만큼 가사나 육아를 많이 감당하지 못할 것이다. 배우자는 여러분의 민감성이 너무 부담스러운 나머지 그것을 일종의 정신 장애라고 느낄 수 있다.

실제로 민감성이 우울증이나 과도한 불안으로 치달을 때는 정신 장애가 되기도 한다. 그러면 예민한 사람은 배우자가 속으로 결혼을 잘못했다고 생각할지도 모른다는 생각이 들 수 있다. 동시에 자신을 있는 그대로 받아들여주지 못하는 배우자가 원망스러울 수도 있다.

부부가 서로에 대한 원망으로 속을 끓이고 있다면 사소한 말다툼이 큰 싸움으로 번질 수 있다. 또 수동공격적인*모습을 보이거나, 부부 중 한 사람 또는 둘 다 성생활을 비롯한 애정 표현에 전혀 관심이 없거나, 심지어 결혼기념일조차 챙기지 않는 등의 모습이 나타난다.

만약 정확히 무엇이 문제인지는 몰라도 부부 관계에 문제가 있다고 생각한다면, 7장에서 설명한 '적극적 경청'이나 '말없이 경청하기' 기법을 활용하여 함께 대화를 나눠야 한다. 나는 아이를 키우느라 바쁜 부부를 위해 서로 나눠보면 좋을 만한 질문을 추려보았다. 한 번에 한 가지 질문을 서로에게 던지고 한쪽이 답하는 동안 다른 쪽은 말없이 경청한다. 그러고 나서 역할을 바꿔 이야기를 들었던 쪽이 같은 질문에 답하는 식으로 대화를 이어간다.

부부가 서로 나눠볼 만한 질문들

- 아이를 기르는 생활이 어떨 것이라 기대했고 실제로는 어떠한가?

---

* 수동공격성passive-aggressive: 불만스러운 대상에게 자기 생각이나 감정을 직접 표현하는 대신 일부러 방해되도록 행동하는 성향. 고의로 잊거나 시간을 끌거나 무능한 척하거나 입을 꾹 다물고 있는 등의 행동이 그 예이다. (옮긴이 주)

- 상황이 악화된 원인이 무엇이라고 생각하는가? 서로 비난하지 말고 사실만 이야기한다.
- 인생이나 배우자가 원망스러웠거나 실망스러웠던 적이 있는가?
- 내가 배우자를 힘들게 한 적은 없는가?
- 배우자가 한 행동의 동기를 오해한 적은 없는가?
- 어린 시절의 경험으로 인해서 상황을 멋대로 잘못 해석한 적은 없는가?
- 부부 관계를 개선하기 위해서 어떤 노력을 기울였는가? 효과적인 방법이 있었다면 그 방법을 지속적으로 사용했는가? 아니면 점차 그만두었는가? 점차 그만두었다면 시간이 부족해서 그랬는가? 아니면 다른 이유가 있었는가?
- 부부 치료를 고려해보았는가? 아니라면 이유는 무엇인가?
- 부부 관계를 회복하지 않았을 때 얻는 숨은 보상이 있는가? 자기 책임을 인정하지 않아서 부부 관계가 별거나 이혼으로 치닫고 있지는 않은가?
- 배우자에게 사과하고 용서를 구할 수 있는가? 그럴 수 없다면 이유는 무엇인가?
- 가족들 사이에서 평생 원망을 품고 불화하거나 잘못을 저지른 사람을 쫓아낸 적이 있는가? 그같은 전례가 되풀이되기를 원하는가? 아니면 배우자를 용서할 것인가?

질문에 모두 답했다면, 그 과정에서 발견한 배우자의 실망스럽거나 원망스러운 면모를 모두 적어본다. 서로 목록을 살펴보고 현실로 받아들인다. 또 그동안 부부가 서로 콤플렉스를 건드린 적은 없는지 살펴본다. 다시 한번 말하지만, 배우자가 콤플렉스에 빠져 있는 상태에서는 논쟁을 벌이지 않는다. 콤플렉스가 수그러들 때까지 두었다가 나중에 그 일을 이야기해본다.

서로 이야기를 나누고 어느 정도 화해했다면, 더는 말다툼하거나 비난하지 말고 서로에 대한 실망과 원망을 각자 얼마나 털어냈는지 솔직하게 평가해본다. 1부터 10까지의 점수로 평가해보고 기대만큼 많이 해소되지 않았더라도 받아들인다. 이 숫자를 매달 점검해본다. 두 사람 모두 숫자가 많이 내려왔다면 목록을 찢거나 태워도 좋다.

부부 관계 계좌에 저축하는 여덟 가지 방법

부부 관계를 예금 계좌라고 생각해본다. 이 계좌에는 처음 부부가 되었을 때 느꼈던 사랑, 수년간 함께하면서 서로에게 힘이 되고 기쁨을 주었던 기억, 잃어버린 애정을 되찾기 위해 쏟은 모든 노력의 결과가 들어있다. 이런 것들은 입금이다. 출금은 부부 관계에서 받은 스트레스, 말다툼, 서로에 대한 실망과 원망, 해결하지 못한 문제들이다. 만약 육아로 인해서 부부 관계가 적자에 허덕이고 있다면 지금은 목돈을 입금할 때이다. 계좌에 저축하는 방법에는 무엇이 있을까?

부부 관계에 애정을 차곡차곡 쌓는 법

- **정기적으로 저축한다**

  해야 할 일 목록에 부부 관계 개선을 넣는다. 그동안 부부 관계 개선에 소홀했다면 이것을 최우선 과제로 삼는다.

- **관계 개선을 위한 목록을 적어본다**

  일단 평가는 보류하고 갖가지 방법을 떠올려서 목록으로 만든다. '일주일에 한 번씩은 데이트한다' '두 사람 모두 휴식을 더 취할 수 있도록 아이 수면 교육에 집중한다' '일은 집으로 들고 오지 않는다' '전자 기기 사용 시간을 정해둔다' 등등 목록을 구체적으로 만든다. 부부가 함께 이 목록을 만드는 것은 두 사람 모두가 관계 개선을 원한다는 의미이므로 그 자체로 저축이 된다.

- **아이 없이 외출할 계획을 세운다**

  아이가 돌 이전이라면 응급 상황에 얼른 돌아올 수 있도록 조치를 해두고, 하루 저녁이나 낮 동안 아이를 잠시 맡기고 외출할 수 있다. 아이가 좀 더 크면 하룻밤을 보낼 수 있다. 『엄마 돌보기』에서는 아이가 세 돌이 안 되었다면 하룻밤을, 만 5세 미만이라면 세 밤을 넘기지 않도록 권한다. 하지만 아이가 매우 친밀한 사람과 함께 있다면 그보다 더 길게 외출해도 괜찮다.

- **새롭고 흥미로운 활동을 함께한다**

새로운 활동이라고 해서 꼭 자극적일 필요는 없다. 하지만 두 사람 모두 신선하게 느끼고 시도해볼 만하다고 생각하는 활동이어야 한다. 스포츠, 언어, 커플 마사지 등등 무언가를 새롭게 배우거나, 오페라나 록 공연, 스포츠 경기 관람 같은 새로운 오락거리를 찾거나, 새로운 곳으로 여행을 떠난다. 내 남편인 아서 애런 박사의 연구 결과에 따르면 이 방법은 일주일에 하루 부부가 외식하고 영화를 보는 것보다 효과가 더 좋았다.[1] 부부가 함께 새로운 활동을 시도하면 부부 관계가 각자의 성장과 자기 확장으로 이어진다.[2] 이 방법은 특히 두 사람이 모두 예민한 경우에 큰 도움이 되는데, 이들은 부부 관계를 고요한 안식처로 삼고 자기 확장은 다른 곳에서 하는 경향이 있기 때문이다.

- **매일 서로에게 의미 있는 질문을 세 가지씩 던진다**

"오늘 어땠어요?"라는 말처럼 습관적으로 묻고 대답은 건성으로 나올 수 있는 질문은 제외한다. "요즘 어때요? 무슨 기대되는 일 있어요?"라고 묻는다. 배우자가 낮 동안 있었던 일을 이야기하면, "그래서 기분이 어땠어요?" 또는 "지금은 기분이 어때요?"라고 묻고 적극적 경청을 한다.

- **배우자의 성공을 함께 축하한다**

연구에 따르면 배우자의 성공을 축하하는 것은 배우자가 어려운 일을 겪을 때 지지해주는 것보다 관계에 더 좋다고 한다.[3]

- **로맨틱한 영화를 함께 본다**

대다수 부부는 의사소통 교육을 받는 것보다 로맨틱한 영화를 함께 보는 것이 더 효과적이다. 영화를 볼 때는 수치심을 느끼거나 비난 당할 필요가 없다. 부부 관계와 관련된 영화를 고르고 영화를 본 후에 함께 얘기를 나눈다.[4]

- **서로 사랑한다는 말을 자주 한다**

사랑하는 이유를 이야기하는 것도 매우 중요하다. 남편과 나는 이동 시간이 길 때 정말 좋아하는 상대방의 면모를 이야기하며 시간을 보내기도 한다.

육아 방식과 가사 분담에 합의하기

부부가 육아 방식에 합의하려면, 제일 먼저 육아의 우선순위부터 정해야 한다. 아이가 어떤 사람으로 자라길 바라는지 얘기한다. 예를 들어 훌륭한 인품을 갖추기를 바라는가? 높은 성취를 이루기를, 역경을 잘 이겨내기를, 직업에서나 경제적인 면에서 성공하기를, 행복하고 느긋하기를, 자신의 참 자아를 발견하기를, 영적 전통을 계승하기를 바라는가?

배우자가 매우 확고하게 다른 견해를 가지고 있거나 반대로 육아법을 그다지 고민해본 적이 없을 수도 있다. 그렇다면 어떻게 해야 할까?

육아관이 크게 다를 때

부부의 육아관이 극명하게 차이가 난다면 적극적 경청과 말없이 경청하기 기법을 활용한다. 이때는 자신과 배우자의 기본 욕구에 집중한다. 육아라는 힘겨운 일을 통해 일군 성과에 자부심을 느끼고 싶은 욕구, 부모로서 존중받거나 가족들에게 인정받고 싶은 욕구, 육아를 통해 사회에 이바지하고 싶은 욕구가 있을 수 있다. 때로는 배우자에게 지시를 받는 대신 자율적으로 육아하고 싶은 욕구 때문에 갈등을 겪기도 한다.

육아관에 자신의 콤플렉스가 반영되지 않도록 주의한다. 콤플렉스는 문화적 정체성과 전통을 유지하려는 것에서 비롯되는 경우가 많으며, 문화에 속한 사람들을 희생시키기도 한다. 또 아이를 기르다 보면 일가친지들이 예전과 달리 압박을 하는 경우도 있다. 그들의 이야기에도 귀를 기울이고 싶겠지만 배우자를 제외한 다른 사람들과는 굳이 합의할 필요가 없다.

배우자가 육아관에 별 관심이 없을 때

배우자가 육아 철학과 관련된 문제에 관심을 보이지 않는다면, 눈에 보이는 일상적인 행동부터 배우자 내면의 깊은 가치관에 이르기까지 뿌리를 찾아본다. "당신이 고래고래 소리를 지르는 애는 원하지 않는다고 하던 말이 기억나요. 지난번에 식당에서 당신을 짜증나게 만들었던 그 애처럼요." 배우자가 동의하면 다음 단계로 넘어간다. "그러니까 당신은 아이가 차분하기를 바라는 거네요. 그렇다면 우리가 먼저 차분해져야 한다고 생각해요. 아이들은 다른 사람을 따라 하면서 배우니까요." 그리고 아이가 배우자의 본을 따르던 일을 예로 든다.

배우자에게 아이가 어떤 어른으로 자라기를 바라는지 물어보고, 아이를 그렇게 기르기 위해서는 어떤 육아 방식이 적합할지 의논해본다. TV나 주위에서 부부가 함께 관찰한 다른 사람의 육아 방식에 대해서 이야기해보고, 배우자가 좋게 생각하는 점과 안 좋게 생각하는 점을 파악해본다. 지금은 배우자가 중시하는 가치를 파악하도록 돕는 과정이다. 배우자의 말에 동의할 수 없더라도 곧바로 말하지 말고 그 이면에 동의할 수 있는 무언가가 있지 않은지 살펴본다. "말을 잘 듣는 아이요. 좋죠. 아이가 특히 우리 말을 잘 따르기를 바라는 상황이 있나요?" 이 방법이 어렵겠지만 예민한 부모라면 해낼 수 있다.

유연성을 발휘하기

일상적인 문제에서 적절한 육아법은 한 가지 이상일 때가 많다. 자기 방식에 확신이 있다고 해도, 배우자의 방식이 맞을 수도 있다. 예를 들어 아이가 장난감 총을 갖고 노는 문제를 두고 부부의 의견이 다를 수 있다. 한쪽은 비교적 엄격한 도덕적 기준을 갖고 있는 한편 다른 쪽은 아이가 친구들과 잘 어울려 지내도록 도와주려는 것일 수 있다. 이때 두 가지 방식은 모두 제 나름의 장점이 있을 뿐 부모는 무엇이 정답인지 알 수 없다. 또 부모는 때로 실수하고 일관성 없이 행동하기도 한다. 취침 시간에 한쪽 부모가 아이에게 이야기 하나를 더 들려주는 것처럼 사소한 차이는 있어도 괜찮다. 아이들은 그런 차이를 알아차리고 곧 익숙해진다.

하지만 부부가 갖가지 중요한 문제에서 합의를 이루지 못하고 아이들 앞에서 자주 다투는 모습을 보이면 문제가 된다. 예민한 부모는 육아 철학과 그에 따른 부모의 행동이 완벽하기를 바라지만, 자신도 배우자도 완벽할 수는 없다. 비현실적인 기준을 강요하기보다는 사랑이 넘치는 가정에 중점을 두는 편이 모두를 위해 더 좋을 것이다. 그리고 배우자의 방식이 아이에게 실제로 어느 정도나 해를 끼칠지는 생각해볼 일이다. 아이에게 TV를 약간 더 보여주는 것이 정말 그렇게 큰 실수일까?

배우자가 시도해보려는 방안이 자신이 보기에는 잘못된 것이더라도 사소하거나 단기적인 문제라면, 배우자가 시도해보고 경험을 통해 배우게 하는 것도 방법이다. 자신이 옳았다는 사실이 드러나더라도 "내가 그럴 거라고 했잖아요"라는 식으로 말하지 않도록 한다. 배우자가 더 좋은 방법을 찾아냈다면, 그것을 인정하자.

가사 분담을 둘러싼 갈등 해결하기

— 남편은 예민한 저를 있는 그대로 받아들여 주었고, 여러모로 저를 응원해주었어요. 제가 휴식 시간을 갖도록 독려했고, 완벽해지려고 몸부림칠 필요는 없다고 일깨워주었죠. 남편은 침착한 데다 소리에 예민하지 않아서 제 인내심이 바닥났을 때 저를 대신해서 상황을 정리해줘요. 다행히 저를 충분히 이해해주는 남편 덕분에 아이를 낳은 후 겪은 부부 갈등을 해결할 수 있었죠. 제가 아이를 낳을까 말까 고민하는 예민한 분들께 하고 싶은 조언이 있어요. 가족이나 가사에서 서로 기대하는 바를 잘 이해하는 것이 예민한 사람에게 더더욱 중요하다는 거예요.

가사 분담은 육아 방식만큼이나 중요한 문제이다. 여기서는 가사 분담의 과정을 수월하게 해주는 방법을 소개하려고 한다.

가사 목록을 작성한다

부부 각자가 맡은 가사를 빠짐없이 적는다. 특히 예민한 부모일수록 가사에 있어서 서로에게 기대하는 바를 잘 이해하고 있어야 한다. 예를 들어 식사 시간, 취침 시간 등 아이를 돌보는 구체적인 시간대를 적는다. 또 청소, 빨래, 수리, 정원 가꾸기, 애완동물 돌보기 등의 집안일을 적는데, 장보기, 쇼핑, 주유, 차량 관리 등 바깥일을 포함해서 적는다. 거기에 일정 관리, 가족 행사와 참여하는 가족 구성원을 파악하기, 다른 부모들이나 일가친지와 모임 시간 계획하기, 기념일 축하 행사 준비, 병원 예약 및 방문, 학교 선택, 교사와의 면담, 숙제 봐주기, 재정 문제도 있다. 더불어 가족들이 각자 맡은 일을 모두 마쳤는지 책임지고 확인하기, 최종 결정 내리기와 같은 일도 빼놓지 말아야 한다.

두 번째로 각 항목 옆에 그 일을 주로 하는 사람이 누구인지, 또는 각각 어느 정도 분담하는지 적는다. 부부의 생각이 다르다면 기간을 정해 놓고 각자 실제로 누가 어떤 일을 얼마만큼 했는지 기록한다. 만약 한쪽이 목록 만들기를 망설인다면, 다른 사람이 두 사람이 하는 일 모두를 기록한 다음에 배우자가 그 목록을 고칠 수 있게 해도 괜찮다. 이렇게 목록으로 작성하면 육아와 가사를 공평하게 분담할 수 있고 행동 교정에 도움이 될 때가 많다.

전문 분야를 맡기기

몇 가지 갈등은 쉽게 해결되기도 한다. 한 쪽이 고역이라고 생각하는 일을 다른 쪽은 개의치 않을 수 있기 때문이다. 하지만 예민한 사람은 배우자를 위하는 마음에서 이 같은 확인 과정을 거치지 않고 고역이라고 생각하는 일을 자기가 맡는 경우가 있다. 예를 들어 그들에겐 아이 재우기가 고역이지만 배우자는 그

것이 가장 좋아하는 일일 수도 있다. 예민한 사람들은 책 읽어주기처럼 대체로 조용히 할 수 있는 일이나 피로감이 몰려오기 전인 이른 시간에 할 수 있는 일을 선호한다. 자신의 선호도를 배우자에게 얘기해볼 필요가 있다.

서로가 고역이라고 생각하는 일은 번갈아가며 맡는 것이 공평할 것이다. 우리 부부는 아이 '아침 챙겨주기'와 '등교시키기'를 번갈아가며 맡았다. 만약 한 사람이 전담하기로 결정했다면, 그 일만큼은 그 사람의 전문 영역으로 남겨둔다. 이것저것 일일이 간섭하지 않도록 한다.

부부 사이의 친밀감 유지하기

부부 사이의 친밀감을 유지하기란 마치 물길을 거슬러 헤엄치듯 어렵게 느껴질 수 있다. 아이가 아직 어리다면 부부가 서로 애정 어린 시선을 교환하거나 안아주는 정도로 만족해야 할지도 모른다. 또는 함께 잠자리에 들 수 있게 된 것만으로도 기쁘게 생각해야 할 수도 있다. 하지만 만약 문제가 심각하거나 오래 지속된다면 문제를 깊이 파고들 필요가 있다.

부부가 서로를 피하고 있지는 않은가? 그렇다면 서로에 대한 실망과 원망을 먼저 해결해야 한다. 하루 종일 직장에서 일하고 나면, 혹은 하루 종일 아이들을 돌보고 나면 너무 힘들고 진이 빠지는데, 배우자마저 자신에게 무언가를 바란다는 사실에 원망을 품는 경우가 흔하다. 먼저 조금이나마 휴식을 취하고 나면 그런 생각이 바뀌고, 서로를 위해 무언가를 해주고자 하는 마음이 들 것이다. 괜히 다가갔다가 싸움만 날까 봐 두려운 사람도 있겠지만 부부라면 "우리가 함께 보내는 시간이 왜 이렇게 적은지 모르겠어요."라고 이야기할 수 있어야 한다. 또 부부가 함께하는 시간이 지루해서 서로를 피할 수도 있다. 그럴 땐 부부 관계 계좌에 저축하는 방법을 적어둔 목록을 살펴보자. 만약 그 과정을 건너뛰었다면 지금이라도 목록을 마련하는 것이 좋다.

직장에 관한 스트레스가 영향을 미친다면

만약 여러분이 직장 문제로 스트레스를 받고 있어 가정에 충실하기 힘들다면 우선순위를 신중하게 결정한다. 인생에서 아이를 기르는 시기는 놀라울 만큼 빨리 지나간다. 이 시기가 사람들이 자기 경력에 매진해야 하는 때와 겹친다는 사실이 애석할 따름이다. 가정과 직장 사이에서 무엇이 더 중요한지 결정하기 어렵다면, 우정이나 취미 따위를 우선순위에서 미뤄둔다. 한창 아이를 기르는 시기에는 가정과 직장 외에 다른 것에 시간을 할애하기 어렵다.

짧은 시간이나마 집에 있을 때는 서로에게 충실하도록 한다. 가족 앞에서는 업무와 관련된 전화 통화, 이메일 작성 등을 삼가고, 급한 용건이라면 홀로 있을 수 있는 공간으로 나가서 처리한다. 그렇게 하면 집에서 업무를 보는 상황이 줄어들 것이다.

전자 기기 금지 시간을 정한다. 필요하다면 아이들도 동참하게 한다. 아이들에게 본보기를 보여주어야 한다. 많은 연구를 통해 전자 기기가 가족 간의 유대감을 떨어뜨린다는 사실이 드러났다.[5] 휴대폰 사용은 대화의 깊이와 친밀감을 떨어뜨린다.[6]

직장에서 가정으로 돌아오는 전환점을 마련한다. 직장 문화는 대개 과정보다는 결과를, 협동보다는 경쟁을, 연약한 모습보다는 강인한 모습을, 감정보다는 생각을 중시한다. 통근 시간을 활용해서 일과 가정을 돌아보는 시간을 갖는다. 문을 열었을 때 어떤 장면이 펼쳐질지 상상해본다. 집에 전화를 걸어서 자신이 도울 일이 없는지, 혹은 혼자 조금 시간을 보내고 가도 괜찮을지 알아본다. 집에 도착하면 명상을 하거나 샤워를 하고 집에서 입는 옷으로 갈아입으면서 자신이 어디 있는지, 우선순위가 무엇인지 스스로 일깨운다.

반대로 배우자가 직장 문제로 스트레스를 받고 있다면 어떻게 해야 할까? 직장에서 가정으로 돌아오는 과정이 녹록지 않음을 인정해준다. 배우자에게 직장과 가정의 차이점에 초점을 맞춰서 이야기해야 한다. 배우자가 퇴근하자마자 바로 가정생활에 녹아들리라고 기대하지 말자. 정해진 시간 동안 직장에서 가정으로 전환할 시간을 준다.

때로는 배우자가 업무를 대하는 자세를 인정해준다. 배우자가 일을 잘 해내는 덕분에 가족에게 필요한 재정적 안정이 마련된다는 것을 생각하자. 집에 오면 배우자는 지칠 수밖에 없고 한숨 돌릴 여유를 줘야 한다.

부부의 성생활

부부는 성생활을 통해서도 친밀감을 나눈다. 성생활은 아이가 생기고 나서부터는 양상이 크게 달라진다. 출산 직후에는 여성의 생식기에 변화가 생기는데 이는 제왕 절개로 아이를 출산한 경우도 마찬가지이다. 갓 엄마가 된 여성은 호르몬의 영향으로 성욕을 느끼기가 어려운데, 그 이유는 아마도 인류가 진화하는 동안 엄마가 아이를 낳고 당분간 몸을 회복하며 수유를 했을 때, 엄마와 아이의 생존 확률이 더 높았기 때문일 것이다. 아이가 태어난 첫해에는 부모 모두 아기를 돌보느라 몸과 마음이 몹시 지쳐서 성관계를 갖고 싶은 마음이 거의 없을지도 모른다. 아빠 역시 아기와 엄마를 돌보고 집안일을 감당하고, 직장에서 업무 능력을 유지해야 해서 엄마만큼이나 지쳐있을 것이다.

성생활은 아이가 태어나고 나서 바뀌는 부분이 있고, 바뀌지 않는 부분이 있다. 아이가 생기기 전에도 성생활에 문제가 있었다면, 지금은 그 문제가 사라지지 않고 악화될 것이다. 나는 『타인보다 민감한 사람의 사랑』에서 예민한 사람과 예민하지 않은 사람의 성 경험을 설문 조사한 결과를 실어 놓았다. 여기서 그 결과를 전부 살펴보지는 않겠지만, 성생활을 즐기고 경험하는 양상이 분명히 각자의 기질에 영향을 받는다는 것을 되짚고 넘어가려 한다.

예민한 사람은 선호도가 확실히 남들과 다르고, 사소한 자극에도 성욕이 사라질 수 있다. 종류를 막론하고 자극은 적을수록 좋고, 노골적인 것보다는 미묘한 것이 좋다. 자극이 지나치면 예민한 사람은 자극에 압도되어 성관계를 갖고 싶은 마음이 사라진다. 배우자는 여러분이 무엇을 좋아하고 싫어하는지 알기를 바랄 것이므로 대화를 나눠본다.

아이가 생겨도 부부 중 한쪽이 다른 쪽보다 성관계를 더 자주 원한다는 점은 달라지지 않을 것이다. 처음 만났을 때는 두 사람 모두 젊고 서로에게 끌려서 성욕을 강하게 느꼈을 것이다. 하지만 시간이 흐르면 한쪽의 성욕이 줄어든다. 이성애자 부부의 경우 그런 쪽은 대개 여성이므로, 지금부터는 이런 상황을 중점적으로 다루도록 하겠다. 이런 사례는 많다. 예민한 여성은 자신이 남편을 실망시킨다는 생각에, 자신이 좋은 아내가 아니라고 느낄 수도 있다. 여성들이 성관계를 날마다 원하지 않으면 이상하다는 생각을 갖게 만든 데는 미디어의 책임이 크다. 연구에 따르면 성관계를 일주일에 한 번쯤만 맺어도 부부 관계는 전반적으로 좋았다.[7] 행복한 성생활을 위한 첫 단계는 부부의 욕구와 기질에 따른 차이를 정상적인 것으로 받아들이고, 창의성을 발휘해 문제 해결법을 찾는 것이다. 더불어 언제든 자위행위를 할 수 있다는 점도 잊지 말자.

성관계를 적게 원하는 쪽은 자신의 호르몬과 건강 상태를 양호하게 관리하도록 노력해야 한다. 운동과 휴식은 필수다. 어떤 사람들은 성생활에 부정적인 영향을 미치는 약을 복용하기도 한다. 항우울제도 그중 하나인데, 우울증을 치료하지 않고 방치하면 성생활에 악영향을 미치기는 마찬가지이다. 항우울제 중에는 성생활에 영향을 미치지 않거나, 오히려 관심을 증진시키는 종류도 있으니 정신과 의사에게 문의해본다.

자신이 성적으로 흥분되는 때가 언제인지를 떠올려본다. 여성은 남성보다 더 다양한 이미지에 자극을 받는다. 영화에 나오는 에로틱한 장면이나, 과거에 자신에게 효과가 있었던 방법도 도움이 될 것이다. 만일 성장기에 성행위를 금기시하도록 배웠다면, 자신의 욕구에 따라 행동하지 못하거나 아예 그런 감정 자체를 알아차리지 못할 수도 있다. 이런 문제가 있다면 이겨내야 하며, 때로는 계속해서 이겨내야 하는 상황이 생기기도 한다.

어린 시절에 성적으로 학대를 당했다면, 이는 평생에 걸쳐 성생활의 걸림돌로 작용할 수 있다. 마음의 준비가 됐다면 배우자에게 과거의 상처를 이야기해보자. 배우자가 이해한다면 상처가 많이 아물 수도 있기 때문이다. 그리고 무엇보다도 배우자가 자신을 사랑한다는 것을 확신해야 한다.

그럼에도 불구하고 부부 관계를 끝낸다면

이 책의 독자는 크게 두 부류로 나뉠 것이다. 한 부류는 부부가 굳건한 관계를 맺고 있고, 아이를 기르면서 겪는 몇몇 문제를 해결하려고 기꺼이 노력하는 사람들일 것이다. 또 다른 부류는 부부 사이의 문제를 직시하지 못하는 사람과 관계를 맺고 있을 것이다. 이런 문제는 아이가 생기기 전에는 눈에 띄지 않다가 육아 스트레스 때문에 도드라졌을 수 있다. 아니면 더 이상은 무시할 수 없는 상태에 이르렀을 수도 있다.

이런 상황에 처했다면 어떻게 해야 할까? 할 수 있는 일이라고는 자기 자신이 변화하는 것뿐이다. 배우자의 변화를 북돋고 함께 부부 치료를 받아보자고 권유하는 방법도 있지만, 배우자가 변하려면 먼저 자신부터 변하기로 결심해야 한다.

부부 사이의 문제는 두 사람이 사랑에 빠질 때는 존재하지 않았을 수 있다. 아니면 배우자에게 문제가 있다는 사실을 알면서도 그것을 감수하면서까지 사랑에 빠진 것일 수도 있다. 이런 문제가 생기기까지 자신의 책임은 없었는지 스스로를 돌아본다. 자신의 책임을 알아채는 것만으로도 새로운 관계를 맺을 때 도움이 될 것이다.

사람들이 바뀌기를 주저하는 까닭은 자기 상처를 들여다봐야 하고, 그러면 엄청난 수치심이 몰려오기 때문이다. 사람들은 배우자가 자신의 수치스러운 일면을 알기 원하지 않는다. 하지만 마음속 깊이 배우자가 이미 자신의 참 모습을 알고 있다는 것을 안다. 그렇기 때문에 배우자 앞에서 무방비로 드러난 듯한 느낌을 받을지 모른다. 여러분 역시 배우자가 자신을 수치스럽게 만들 수 있다고 느낄 것이다. 한편 배우자가 바뀔 리가 없다는 생각이 든다면, 머릿속에서 별거나 이혼이라는 말이 스멀스멀 피어오를 것이다. 그리고 예민한 사람인 여러분은 아마 별거나 이혼이 가족들에게 무엇을 의미하는지 너무나 잘 알고 있을 것이다.

여기서는 대다수 사람들이 깨닫지 못하는 두 가지를 이야기하고자 한다. 첫째, 부부 관계에는 사랑뿐만 아니라 애착도 있다. 함께 사는 사람에게는 애착이 형성된다. 부부의 삶은 매우 물리적이고 실질적인 방식으로 합쳐져 있다. 애착은 사랑과 다르지만 관계가 실제로 끝날 때는 사랑보다 더 큰 고통을 남길 수 있고, 실질적인 영향을 더 많이 미친다. 결혼 생활이 끝나는 순간 사랑은 식더라도 애착은 여전히 남아 있어서, 이혼이 실수가 아닌가 하는 의심을 불러일으키기도 한다.

둘째, 이혼이나 별거가 가족들에게 반드시 더 나쁜 영향을 미치지는 않는다. 일반적으로 이혼은 아이들에게 좋지 않은 영향을 미친다고 알려져 있지만, 가정마다 상황이 다를 수 있다. 하지만 지금과 다른 삶이나 다른 좋은 사람이 자신을 기다리고 있을지 모른다는 기대감에 충동적으로 결정해서는 안 된다.

사람들은 지난 한 세기 동안 점차 함께 지내는 배우자가 관계의 모든 욕구를 온전히 채워주리라고 기대하게 되었다. 과거에는 배우자 외에도 인근에 사는 친척, 함께 일하는 동료, 예배 장소나 사교 장소에서 맺은 관계 등 한 사람의 인생에 다양한 관계가 존재했고, 그중 대다수가 평생 지속되는 일이 많았다. 요즘은 이동이 잦아진 탓에 안정되고 지속 가능한 관계는 핵가족이 유일하다. 첨단 기술을 활용해서 멀리 있는 사람과 관계를 맺기가 쉬워지긴 했지만 애착과 사랑에 있어서는 물리적 근접성이 매우 중요하다.

만약 물리적으로 가까이 있는 사람이 배우자뿐인데 부부 관계가 만족스럽지 않다면, 당연히 마음이 비참해서 이혼을 해서라도 그 자리를 다른 사람으로 채우고 싶을 것이다. 하지만 배우자가 학대를 하지 않는다는 가정하에, 부부가 함께 지내는 것이 두 사람에게 더 편리하고 편안하다면 관계를 발전시켜서 충만한 삶을 누리는 것도 방법이다.

또는 절망스러워 보이는 상황에서도 영적인 태도로 임하면, 조금 더 견딜 만하다고 느낄 수 있다. 지금은 영적인 길 위에서 훈련을 하는 것이라 생각하는 것이다. 나는 예민한 사람들이 영성을 타고난다고 믿는다. 영성은 힘든 상황에서 위안을 줄 뿐만 아니라 유사한 길 위에 있는 사람들을 만날 기회를 준다. 지극히 내향적인 사람도 영성으로 시야를 넓히고, 마음에 사랑을 가득 채우면 자신의 상황을 받아들일 수 있을 것이다.

— 저희 부부는 천성이 전혀 달랐어요. 이처럼 완전히 다른 두 사람이 서로의 약점을 보완할 때 놀라운 성취를 이루곤 하죠. 저희 부부는 외적으로 큰 성공을 거뒀고, 그것이 결혼을 15년이나 지속할 수 있었던 하나의 이유였어요. 하지만 내면을 들여다보면 남편과 저는 자신에게 어딘가 결함이 있는 느낌, 이해받지 못하는 느낌, 만신창이가 된 느낌을 받았죠.

이혼 절차를 밟기 시작한 이후로는 소리 지르며 싸우는 시간이 줄고 서로 경청하는 시간은 늘었어요. 아이들도 더 이상 다투지 않고 저희 가족이 더 없이 평온한 삶을 누리고 있다고 말하고 싶지만, 그러면 거짓말을 한 셈이 될 거예요. 하지만 이제 제 삶을 주도적으로 살고 있다고는 당당하게 말할 수 있어요. 이제는 숨고 싶다는 생각이 들지 않아요. 아이들이 애들 아빠와 있을 때 저는 자신을 위해서 시간을 쓸 수 있어요. 아이들이 그립기는 하지만 제가 스스로 회복할 시간이 있어야 최선의 모습을 보일 수 있다는 것을 아니까요.

그렇다고 이혼하라는 말을 하려는 것은 아니에요. 제가 하고 싶은 말은 바로 자신이 짓눌리는 듯한 느낌이 어디서 오는지 그 뿌리를 스스로 찾아보라는 거예요. 그리고 부모로서 최선의 모습을 보이려면 자신의 참모습을 인식하고, 회복할 시간을 확보하고, 갈등을 줄이고, 아이들을 사랑하는 이 모든 것이 적절히 조화를 이뤄야 한다는 걸 알아야 해요.

이번 장은 좀 복잡하게 느껴질 수도 있다. 부부 사이의 다양한 문제는 이 정도로는 모두 다룰 수가 없으니 시중에 있는 다양한 책을 참고하면 좋을 것이다. 나는 존 가트맨의 『행복한 결혼을 위한 7원칙』(문학사상)과 하빌 헨드릭스Harville Hendrix의 『연애할 땐 yes 결혼하면 No가 되는 이유』(프리미엄북스)를 추천한다.

이제 머나먼 여정의 종착지에 도착했다. 독자들 중 몇몇은 실제로 만나기도 했지만 대개는 내 상상 속에서나 만날 수 있었다. 그렇지만 나는 상상력이 매우 좋은 편이라 독자들 중 많은 이들을 알고 있다고 말할 수 있다. 나는 힘겹던 육아 생활을 생생히 기억한다. 특히 기차역에 서서 여성 잡지를 집어 들고서는 내 평생 가장 진솔한 육아기를 읽던 순간이 기억난다. 그 글의 제목은 대략 〈왜 아무도 육아가 이렇게 끔찍한 것이라는 걸 얘기해주지 않은 걸까?〉였다. 같은 의문을 품고 있던 나는 푹 빠져들어 그 글을 읽었다.

나는 아들을 사랑했고 육아에서 살아남았고 육아의 대부분을 즐겼다. 하지만 그 진솔한 글을 결코 잊은 적이 없다. 지금껏 내가 들어온 이야기를 종합해보면 나 같은 사람이 제법 많은 것 같다. 물론 육아가 천성에 잘 맞는 사람도 있을 것이다. 어느 쪽이든, 세상에서 가장 힘겹고 가치 있는 일을 하고 있는 여러분을 축복한다.

+ 감사의 글 +

이 책을 완성하기까지 마키 탤리 씨의 공이 컸다. 이 책을 쓰기 시작한 때는 2012년이었다. 그녀는 부탁대로 내가 이 책을 놓지 않고 집필하도록 인내심을 가지고 천천히, 하지만 끈질기게 이끌어주었다. 책의 편집과 구성도 상당 부분 맡아주고, 주의를 기울여야 할 내용을 언급해주었다.

내가 이메일로 발행하는 뉴스레터로 의견을 구할 때, 예민한 부모로 살아가는 의미를 장문의 글로 보내준 분들이 없었더라면 이 책은 출간되지 못했을 것이다. 온라인 설문 조사에 응해준 예민한 부모들과 비교집단으로서 응답해준 예민하지 않은 부모들 모두에게 감사의 말을 전한다.

더불어 1990년부터 지금까지 내가 '민감성'을 연구하는 내내 애정 어린 지지를 보내준 남편에게도 진심으로 감사를 보낸다. 특히 예민한 부모에 관한 연구에서 남편의 뛰어난 데이터 분석 능력과 끈기는 이 연구가 동료 연구자들이 검토하는 학술지에 출간될 수 있도록 도와줬다. 덕분에 감각처리 민감성(환경에 대한 높은 민감성과 마찬가지로 민감성을 지칭하는 학술 용어)이라는 개념과 그것이 육아에 미치는 영향의 타당성을 더욱 확고히 인정받게 되었다.

늘 그렇듯 출판 에이전트 벳시 앰스터는 내 오른팔로서 이 책이 출판의 세계로 뻗어나갈 수 있도록, 나 혼자서는 결코 잘 해낼 수 없었을 온갖 세부 사항을 처리해주었다. 내 몸에 달려 있는 오른팔이 한 일이라고는 서명을 하는 것뿐이었다.

켄싱턴 출판사에도 찬사를 보낸다. 켄싱턴은 내 첫 책 『타인보다 더 민감한 사람』을 펴낸 출판사이다. 그들은 나를 가족처럼 받아들여 주었다. 더불어 특히 편집자 미켈라 해밀턴과 내 첫 책이 약 30개 이상의 언어로 번역 출판되도록 힘써 준 재키 다이나스에게도 감사 인사를 전한다.

마지막으로 부모가 아니어서 이 책을 안 읽을지도 모를, 모든 예민한 사람들에게 감사를 전한다. 나는 여러분과 함께 길고도 놀라운 여정을 걸어왔다. 나는 사람들에게 민감성에 대한 이야기를 홀로 중얼거리며 다녔을 뿐인데, 어느새 내 뒤로 사람들이 몰려들었다고 말하곤 한다. 우리가 함께 살펴봤듯이 여럿이

모이면 힘을 발휘한다. 민감성을 타고난 우리는 전체 인구의 약 20퍼센트를 차지하며, 이 민감성이라는 기질은 100개가 넘는 종에서 발견되었다. 앞으로도 세상을 변화시키는 가장 효과적인 방법인 육아와 더불어 각자 자신의 길 위에서 세계를 더 나은 곳으로 바꿔나가기를 바란다.

+ 참고 문헌 +

서문

1. Aron, Elaine N., Arthur Aron, Natalie Nardone, and Shelly Zhou. "Sensory Processing Sensitivity and the Subjective Experience of Parenting: An Exploratory Study." *Family Relations*(2019).
2. Ainsworth, Mary S. "Infant–mother attachment." *American psychologist* 34, no. 10 (1979): 932.
3. Voort, Anja van der. "The importance of sensitive parenting: a longitudinal adoption study on maternal sensitivity, problem behavior, and cortisol secretion." PhD diss., Child and Family Studies, Institute of Education and Child Studies, Faculty of Social and Behavioural Sciences, Leiden University, 2014.
4. Ainsworth, 1979.

1장

1. Wolf, Max, G. Sander Van Doorn, and Franz J. Weissing. "Evolutionary emergence of responsive and unresponsive personalities." *Proceedings of the*

National Academy of Sciences 105, no. 41 (2008): 15825–15830.

2. Aron, Elaine N., Arthur Aron, and Jadzia Jagiellowicz. "Sensory processing sensitivity: A review in the light of the evolution of biological responsivity." *Personality and Social Psychology Review* 16, no. 3 (2012): 262–282.
3. Aron et al., 2019.
4. Branjerdporn, Grace, Pamela Meredith, Jenny Strong, and Mandy Green. "Sensory sensitivity and its relationship with adult attachment and parenting styles." *PloS one* 14, no. 1 (2019): e0209555.
5. Wolf et al., 2008.
6. Leake, Rosemary D., Richard E. Weitzman, Theodore H. Glatz, and Delbert A. Fisher. "Plasma oxytocin concentrations in men, non- pregnant women, and pregnant women before and during spontaneous labor." *The Journal of Clinical Endocrinology & Meta- bolism* 53, no. 4 (1981): 730–733.
7. Aron, Arthur, Sarah Ketay, Trey Hedden, Elaine N. Aron, Hazel Rose Markus, and John D. E. Gabrieli. "Temperament trait of sensory processing sensitivity moderates cultural differences in neural response." *Social cognitive and affective neuroscience* 5, no. 2–3 (2010): 219–226.
8. Jagiellowicz, Jadzia, Xiaomeng Xu, Arthur Aron, Elaine Aron, Guikang Cao, Tingyong Feng, and Xuchu Weng. "The trait of sensory processing sensitivity and neural responses to changes in visual scenes." *Social cognitive and affective neuroscience* 6, no. 1 (2010): 38–47.
9. Hedden, Trey, Sarah Ketay, Arthur Aron, Hazel Rose Markus, and John D. E. Gabrieli. "Cultural influences on neural substrates of attentional control." *Psychological science* 19, no. 1 (2008): 12–17.
10. Aron, Elaine N., and Arthur Aron. "Sensory-processing sensitivity and its relation to introversion and emotionality." *Journal of personality and social psychology* 73, no. 2 (1997): 345.
11. Aron, Elaine N., Arthur Aron, and Kristin M. Davies. "Adult shyness: The interaction of temperamental sensitivity and an adverse childhood

environment." *Personality and Social Psychology Bulletin* 31, no. 2 (2005): 181–197.

12. Jagiellowicz, Jadzia, Arthur Aron, and Elaine N. Aron. "Relationship between the temperament trait of sensory processing sensitivity and emotional reactivity." *Social Behavior and Personality: an international journal* 44, no. 2 (2016): 185–199.
13. Acevedo, Bianca P., Elaine N. Aron, Arthur Aron, Matthew Donald Sangster, Nancy Collins, and Lucy L. Brown. "The highly sensitive brain: an fMRI study of sensory processing sensitivity and response to others' emotions." *Brain and behavior* 4, no. 4 (2014): 580–594.
14. Acevedo, Bianca P., Jadzia Jagiellowicz, Elaine Aron, Robert Marhenke, and Arthur Aron. "Sensory processing sensitivity and childhood quality's effects on neural responses to emotional stimuli." *Clinical Neuropsychiatry* 6 (2017).
15. Baumeister, Roy F., Kathleen D. Vohs, C. Nathan DeWall, and Liqing Zhang. "How emotion shapes behavior: Feedback, anticipation, and reflection, rather than direct causation." *Personality and social psychology review* 11, no. 2 (2007): 167–203.
16. Baumeister et al., 2007.
17. Gerstenberg, Friederike XR. "Sensory-processing sensitivity predicts performance on a visual search task followed by an increase in perceived stress." *Personality and Individual Differences* 53, no. 4 (2012): 496–500.

2장

1. Wachs, Theodore D. "Relation of maternal personality to perceptions of environmental chaos in the home." *Journal of Environmental Psychology* 34 (2013): 1–9.
2. Hanson, B. Rick, Jan Hanson, and Ricki Pollycove. *Mother Nurture: A Mother's Guide to Health in Body, Mind, and Intimate Relationships*. New

York: Penguin Books, 2002.
3. Hanson et al., 2002.
4. Cohen, Sheldon, Denise Janicki-Deverts, Ronald B. Turner, and William J. Doyle. "Does hugging provide stress-buffering social support? A study of susceptibility to upper respiratory infection and illness." *Psychological science* 26, no. 2 (2015): 135–147.

3장

1. Bass, Brenda L., Adam B. Butler, Joseph G. Grzywacz, and Kirsten D. Linney. "Do job demands undermine parenting? A daily analysis of spillover and crossover effects." *Family Relations* 58, no. 2 (2009): 201–215.
2. Kurcinka, Mary Sheedy. *Raising Your Spirited Child.* HarperCollins, 1999.
3. Pluess, Michael, and Jay Belsky. "Differential susceptibility to rearing experience: The case of childcare." *Journal of child psychology and psychiatry* 50, no. 4 (2009): 396–404.

4장

1. Patterson, C. Mark, and Joseph P. Newman. "Reflectivity and learning from aversive events: Toward a psychological mechanism for the syndromes of disinhibition." *Psychological review* 100, no. 4 (1993): 716.
2. Vohs, Kathleen D., Roy F. Baumeister, Brandon J. Schmeichel, Jean M. Twenge, Noelle M. Nelson, and Dianne M. Tice. "Making choices impairs subsequent self-control: A limited-resource account of decision making, self-regulation, and active initiative." In *Self-Regulation and Self-Control*, pp. 45–77. Oxfordshire, UK: Routledge, 2018.
3. Baumeister et al., 2007.
4. Borysenko, Joan Z., and Gordon Dveirin. *Your Soul's Compass*. Carlsbad, CA:

Hay House, Inc, 2008.

5. Jaeger, Barrie. *Making work work for the highly sensitive person.* McGraw-Hill, 2004.

5장

1. Levinson, Harry. "A second career: The possible dream." *Harvard Business Review* 61, no. 3 (1983): 122–129.
2. Brindle, Kimberley, Richard Moulding, Kaitlyn Bakker, and Maja Nedeljkovic. "Is the relationship between sensory processing sensitivity and negative affect mediated by emotional regulation?." *Australian Journal of Psychology* 67, no. 4 (2015): 214–221.
3. Taylor, Steven. "Anxiety sensitivity and its implications for understanding and treating PTSD." *Advances in the treatment of posttraumatic stress disorder: Cognitive-behavioral perspectives* (2004): 57–66.
4. Fairbrother, Nichole, and Sheila R. Woody. "New mothers' thoughts of harm related to the newborn." *Archives of women's mental health* 11, no. 3 (2008): 221–229.
5. Foxman, Paul. *Dancing with fear: Overcoming anxiety in a world of stress and uncertainty.* Lanham, Maryland: Jason Aronson, Incorporated, 1999.
6. Pearlstein, Teri, Margaret Howard, Amy Salisbury, and Caron Zlotnick. "Postpartum depression." *American journal of obstetrics and gynecology* 200, no. 4 (2009): 357–364.
7. Paulson, James F., and Sharnail D. Bazemore. "Prenatal and postpartum depression in fathers and its association with maternal depression: a meta-analysis." *Jama* 303, no. 19 (2010): 1961–1969.
8. Swain, James E., P. Kim, J. Spicer, S. S. Ho, Carolyn J. Dayton, A. Elmadih, and K. M. Abel. "Approaching the biology of human parental attachment: Brain imaging, oxytocin and coordinated assessments of mothers and fathers."

Brain research 1580 (2014): 78–101.

9. Swain et al., 2014.
10. Rosenberg, Marshall. *Nonviolent communication: A language of life: Life-changing tools for healthy relationships*. Encinitas, CA: PuddleDancer Press, 2015.
11. Potegal, Michael, Michael R. Kosorok, and Richard J. Davidson. "Temper tantrums in young children: 2. Tantrum duration and temporal organization." *Journal of Developmental & Behavioral Pediatrics* 24, no. 3 (2003): 148–154.
12. Solter, Aletha Jauch. *Tears and tantrums: What to do when babies and children cry.* Goleta, CA: Shining Star Press, 1998.

7장

1. Luhmann, Maike, Wilhelm Hofmann, Michael Eid, and Richard E. Lucas. "Subjective well-being and adaptation to life events: a meta-analysis." *Journal of personality and social psychology* 102, no. 3 (2012): 592.
2. Gottman, John Mordechai, and Nan Silver. *The seven principles for making marriage work: A practical guide from the country's foremost relationship expert*. New York: Harmony, 2015.
3. Rosenburg, 2015.
4. Johnson, Sue. *Hold me tight: Seven conversations for a lifetime of love*. Hachette UK, 2008.

8장

1. Reissman, Charlotte, Arthur Aron, and Merlynn R. Bergen. "Shared activities and marital satisfaction: Causal direction and self-expansion versus boredom." *Journal of Social and Personal Relationships* 10, no. 2 (1993): 243–254. 191
2. Xu, Xiaomeng, Gary W. Lewandowski, and Arthur Aron. "The self-expansion

model and optimal relationship development." *Positive approaches to optimal relationship development* (2016): 79–100.

3. Gable, Shelly L., Courtney L. Gosnell, Natalya C. Maisel, and Amy Strachman. "Safely testing the alarm: Close others' responses to personal positive events." *Journal of Personality and Social Psychology* 103, no. 6 (2012): 963.
4. Rogge, Ronald D., Rebecca J. Cobb, Erika Lawrence, Matthew D. Johnson, and Thomas N. Bradbury. "Is skills training necessary for the primary prevention of marital distress and dissolution? A 3-year experimental study of three interventions." *Journal of Consulting and Clinical Psychology* 81, no. 6 (2013): 949.
5. Becker, William J., Liuba Belkin, and Sarah Tuskey. "Killing me softly: Electronic communications monitoring and employee and spouse well-being." In *Academy of Management Proceedings*, vol. 2018, no. 1, p. 12574. Briarcliff Manor, NY 10510: Academy of Management, 2018.
6. Misra, Shalini, Lulu Cheng, Jamie Genevie, and Miao Yuan. "The iPhone effect: the quality of in-person social interactions in the presence of mobile devices." *Environment and Behavior* 48, no. 2 (2016): 275–298.
7. Muise, Amy, Ulrich Schimmack, and Emily A. Impett. "Sexual frequency predicts greater well-being, but more is not always better." *Social Psychological and Personality Science* 7, no. 4 (2016): 295–302.

예민한 부모를 위한 심리 수업

1판 1쇄 발행 2022년 2월 9일
1판 5쇄 발행 2022년 12월 23일

지은이 일레인 N. 아론
옮긴이 김진주
펴낸이 고병욱

기획편집실장 윤현주 **책임편집** 김지수
마케팅 이일권 김도연 김재욱 오정민 복다은 **디자인** 공희 진미나 백은주
외서기획 김혜은 **제작** 김기창 **관리** 주동은 **총무** 노재경 송민진

펴낸곳 청림출판(주)
등록 제1989-000026호
본사 06048 서울시 강남구 도산대로 38길 11 청림출판(주) (논현동 63)
제2사옥 10881 경기도 파주시 회동길 173 청림아트스페이스(문발동 518-6)

전화 02-546-4341 **팩스** 02-546-8053
홈페이지 www.chungrim.com **이메일** life@chungrim.com
블로그 blog.naver.com/chungrimlife **페이스북** www.facebook.com/chungrimlife

ISBN 979-11-88700-95-0(03590)